Gabriele Kisser-Priesack

Maras Reisen

Das Abenteuer der Entstehung des Lebens auf der Erde

Mit Illustrationen von
Julia Wittkamp

Ullstein

Besuchen Sie uns im Internet:
www.ullstein-taschenbuch.de

Umwelthinweis:
Dieses Buch wurde auf chlor- und säurefreiem Papier gedruckt.

Ungekürzte Ausgabe im Ullstein Taschenbuch
1. Auflage August 2006

Umschlaggestaltung: Büro Hamburg
Titelabbildung: Julia Wittkamp
Satz: LVD GmbH, Berlin
Gesetzt aus der Sabon
Druck und Bindearbeiten: Ebner & Spiegel, Ulm
Printed in Germany
ISBN-13: 978-3-548-36858-0
ISBN-10: 3-548-36858-1

Inhalt

Vorsichtig stieg Mara die Stufen der Leiter hinauf. Als sie die oberste Sprosse erreicht hatte, zögerte sie kurz, dann kletterte sie in das alte Baumhaus. Das Dach auf den vier massiven Eckpfeilern lag so hoch, dass sie aufrecht stehen konnte. Sie setzte sich auf die Bank an der Wand. Von hier aus konnte sie nach allen Seiten in die Äste und das dichte Laub der Eiche sehen, in dem das Baumhaus gut versteckt war. Es roch nach Harz.

Seit Jahren war sie nicht mehr in diesem Baumhaus im Garten ihrer Tante gewesen. Sie lehnte sich zurück, betrachtete ihre Fußspuren auf dem staubigen Boden und klopfte mit den Fingern auf die Bank. Sie wollte in den Ferien mit ihrer Freundin wegfahren. Mal weg von zu Hause, in Gedanken hatten sie die Koffer schon gepackt.

Aber ihre Eltern hatten es verboten. In ein paar Jahren wäre sie alt genug dafür, hatten sie gesagt. Nun verbrachte Mara eine Woche bei ihrer Tante und langweilte sich bereits, obwohl sie erst vor drei Stunden angekommen war.

Mit den Füßen zog sie Kreise im Staub. Sie achtete nicht auf die Geräusche ringsum, die Vögel im Baum und den Wind, der mit den Blättern raschelte. Da hörte sie plötzlich ihren Namen.

»Hallo Mara!« Die Stimme klang ganz nah.

Suchend blickte Mara sich um und rutschte auf die Kante der Bank. Ein seltsamer Zweig mit fächerförmigen Blättern ragte neben einem der Stützpfeiler herein. Mara kniff ihre Augen zusammen, und dann bemerkte sie einen deutlich hervortretenden, dunkelgrünen Fleck auf einem der Blätter.

»Hallo Mara!« Die Stimme kam aus diesem Blatt. Sie war tief und rasselte ein wenig, wie die Stimme eines Menschen, der sehr lange nicht gesprochen hat. Mara starrte auf den dunkelgrünen Fleck, beugte sich weiter vor und erkannte ein winziges Gesicht mit runden Augen und einem breiten Mund, von feinen Linien gezeichnet. Einen Moment schien es ihr, als würde das Gesicht die ganze Fläche des Blattes ausfüllen, aber es war nur so klein wie ein Stecknadelkopf. Mara wich verwundert zurück. Das Gesicht in dem Blatt war fremdartig, aber als es seinen breiten Mund zu einem Lächeln noch breiter machte, musste Mara zurücklächeln, als würden sie sich schon lange kennen.

»Ich bin ein Chloroplast und wohne in den Pflanzen«, rasselte die Stimme.

»Was bist du?«, flüsterte sie kaum hörbar.

»Ein Chloroplast!«

»Ein Chloroplast«, wiederholte Mara tonlos, »und was machst du hier?«

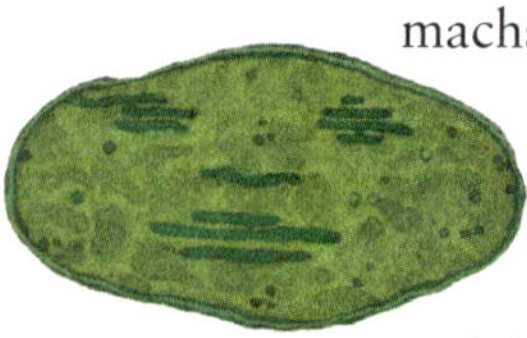

»Ich lebe hier!«

»Im Baumhaus?«

»Nein, in diesem Blatt!«

»Aha«, sagte Mara verwirrt.

»Ich lebe schon sehr lange hier.«

Mara schloss ihre Augen ganz fest, zählte langsam bis fünf und öffnete sie wieder. Das Gesicht war noch immer da und lächelte sie an. Sie holte tief Luft.

»Ich war schon lange nicht mehr hier«, sagte sie und überlegte, ob es vielleicht üblich war, in alten Baumhäusern mit kleinen grünen Wesen zu sprechen, die sich Chloroplast nennen. Sie schüttelte den Kopf, denn im gleichen Moment war ihr klar, dass niemand mit kleinen grünen Wesen sprach – niemand außer ihr! Sie sah sich diesen Chloroplasten noch genauer an.

»Ich habe noch nie von dir gehört«, stellte sie fest.

»Dabei bin ich schon sehr lange auf dieser Erde und jeder kennt mein Grün! Ich war schon hier, als es noch keine Tiere und Menschen, ja noch nicht einmal richtige Pflanzen gab!«

»Das kann ich mir nicht vorstellen, Tiere und Pflanzen gibt es doch schon immer, oder?«

»Nein, früher war die Erde ganz anders.«

Als Mara ihn ungläubig ansah, schlug er vor:

»Ich würde dir gerne meine Geschichte erzählen!«

Mara runzelte die Stirn. Was war das wohl für eine Geschichte? Wenn sie jetzt ablehnte, würde dieser Chloroplast wahrscheinlich wieder in seinem Blatt verschwinden. Und sie hätte weiter Langeweile.

»Einverstanden, erzähl sie mir!«, sagte sie und ein Lächeln erschien auf dem Gesicht des Chloroplasten.

»Meine Geschichte führt uns weit zurück in die Vergangenheit, wir machen eine Zeitreise!«, sagte er.

»Eine Zeitreise?«, staunte Mara. »Ist das überhaupt möglich?«

Der Chloroplast nickte. Wenn ein Mensch ihr das angeboten hätte, hätte sie ihn für verrückt gehalten, aber dieser seltsame Chloroplast, der nur aus einem Gesicht bestand? … und sie wollte doch so gerne eine Reise machen. Sie zögerte noch. Der Chloroplast blickte sie erwartungsvoll an. Die Linien, die anstelle seiner Augenbrauen waren, zogen sich zusammen.

»Kommst du mit?«, fragte er leise, und als sie »Ja« sagte, hellte sich sein Gesicht auf und sein Mund lächelte breit. »Welche Freude!«, jubelte er. »Dann geht's jetzt los.« Und er begann zu erzählen:

»Vor langer Zeit, genauer gesagt, vor fast vier Milliarden Jahren …«

»So viel?« Mara starrte ihn an. Ihr wurde schwindelig.

1. Reise

Dichter, kühler Nebel wirbelte um ihren Kopf, und das Baumhaus begann zu vibrieren. Sie klammerte sich mit beiden Händen an der Bank fest, zog den Kopf ein, und obwohl sie die Augen weit aufriss, konnte sie in dem dichten Nebel nichts erkennen. Ein Ruck ging durch das Baumhaus und plötzlich war alles ganz still. Das Schwindelgefühl ließ nach und auch der Nebel verzog sich. Mara sah hinaus.

Das Baumhaus schwebte in der Luft, darunter lag ein riesiges Meer. Mara konnte nicht erkennen, wie tief es war, denn das Wasser hatte eine trübe Farbe. An vielen Stellen blubberten dicke Blasen aus dem Untergrund hervor und setzten Dampfwolken frei, wenn sie an der Wasseroberfläche zerplatzten. Ein durchdringender Geruch lag in der Luft, der Mara an starke ammoniakhaltige Putzmittel erinnerte, die bei ihr ein Ekelgefühl auslösten. Sie schluckte und sah auf die schier endlose Wasserfläche, in weiter Ferne konnte sie das Ufer erkennen. Sie flogen direkt darauf zu. Das Land war grau und leer. Hohe, schroffe Felsen ragten aus weiten, mit grauen Steinen bedeckten Ebenen und türmten sich zu Gebirgen. Nirgends regte sich Leben, weder Pflanzen noch Tiere waren zu entdecken. Selbst der Himmel war grau und über der Landschaft lag ein diffuses, unangenehmes Licht. Mara sah den Chloroplasten an.

»Wo sind wir?«, flüsterte sie.

»Wir sind auf der Erde vor fast vier Milliarden Jahren, als sie noch ganz jung war.«

»Und was wollen wir hier? Ich möchte wieder zurück.« Mara zitterte leicht. Der Chloroplast wollte etwas sagen, wurde aber von einem lauten Donner unterbrochen. Mara zuckte zusammen und sah, wie aus einem Berg in weiter Ferne riesige Gesteinsbrocken geschleudert wurden. Glühende Lava ergoss sich über die Landschaft und zeichnete rote Linien in das eintönige Grau.

Das Donnern aber war aus nächster Nähe gekommen und rührte von einem unterirdischen Beben her. Es klang, als würden riesige Felsen aneinander gerieben, und es knirschte so laut, dass Mara die Zähne wehtaten. Der Chloroplast rief ihr etwas zu, aber sie konnte kein Wort verstehen.

Aus dem grauen Himmel schlug ein Gewitter los. Gleißende Blitze, gefolgt von lautem Donner, zischten in die karge Landschaft und ins Meer. Das Wasser unter dem Baumhaus tobte in riesigen Wellen, aufgewühlt durch heftigen Regen und Sturm. Mara wich zurück, denn der Regen peitschte auch gegen das Baumhaus und bald würde es voller Wasser sein. Aber es blieb trocken, nicht einmal die Brüstung wurde nass. Mara wunderte sich darüber und ihr wurde immer unheimlicher zumute. Das Unwetter beruhigte sich und das Erdbeben verabschiedete sich mit einem letzten Grollen.

»Ich will zurück, hier bleib ich nicht!«, schrie sie und ihre Stimme hallte laut, denn nun war es plötzlich ganz still.

»Aber hier drin kann dir nichts passieren, egal, was da draußen geschieht!«, erklärte der Chloroplast.

»Bist du sicher?«

»Ganz sicher, sonst hätten wir diese Zeitreise nicht unternommen«, bestätigte er. Sie sah ihn an und atmete tief durch. Als sie sich ein wenig gefasst hatte, fragte sie:

»Wird das Baumhaus deshalb nicht nass?«

Der Chloroplast nickte.

»Das hättest du mir auch ein bisschen eher sagen können, ich habe wirklich Angst bekommen. Aber was wollen wir denn nun eigentlich hier?«

»Ich wollte dir zeigen, wo ich entstanden bin. Ich habe nicht bedacht, dass es dich so erschrecken würde.«

»Und wo bist du entstanden?«

»Hier unten! Vor 3650 Millionen Jahren!« Der Chloroplast deutete auf das Meer.

»Das glaube ich nicht, hier kann niemand leben!«

»Doch, ich! Schau hinunter! Hier bin ich entstanden.«

Mara hatte sich von dem Schreck noch nicht ganz erholt, wagte es aber trotzdem, näher an die Brüstung heranzurutschen. Sie löste langsam ihre Hände von der Bank und spürte erst jetzt, dass sie wehtaten, so fest hatte sie sich angeklammert. Sie legte eine Hand auf die Brüstung, beugte sich vorsichtig hinaus und starrte in das trübe Wasser. Angestrengt kniff sie die Augen zusammen und konnte plötzlich kleine, helle Kugeln erkennen. Dazwischen schwamm eine dunkelgrüne Kugel, die wie der Chloroplast seitlich ein wenig eingedrückt war.

»Bist du das?«, flüsterte sie. »Wolltest du mir das zeigen?«

»Ja!«

Mara starrte hinunter. Wie schrecklich musste es sein, in diesem stinkenden Meer zu leben.

»Diese hellen Kugeln sind einzellige Lebewesen wie ich, aber sie haben keine grüne Farbe, ein entscheidender Unterschied! Eigentlich könntest du uns gar nicht erkennen, wir sind mikroskopisch klein. Aber auf dieser Zeitreise mit mir wirst du viele Dinge sehen können, die dem menschlichen Auge sonst verborgen bleiben.«

Mara nickte stumm. Sie konnte den Chloroplasten und die anderen gut erkennen, obwohl sie nicht an der Wasseroberfläche schwammen, sondern weit unten tauchten.

»Wir mussten weit unter der Oberfläche bleiben, sonst hätten die Strahlen der Sonne uns umgebracht. Damals schickte die Sonne Wärme und Licht auf die Erde, so wie du es kennst. Aber sie sendete auch kleine, spitze Pfeile herab, die für alle Lebewesen tödlich waren.«

Mara zog schnell die Hand von der Brüstung zurück. Sie

liebte die Sonne, ihre Wärme und ihre Kraft, die alles zum Wachsen brachte. Es war ihr klar, dass man vorsichtig sein musste, um keinen Sonnenbrand zu bekommen, aber dass die Sonne tödliche Strahlen schickte? Wie anders diese Welt doch war. Sie warf einen unsicheren Blick nach oben.

»Können diese Pfeile auch durchs Dach?«

»Nein, hier im Baumhaus kann dir nichts passieren!«

»Daran muss ich mich erst gewöhnen!« Mara atmete tief durch, dann sah sie wieder hinunter ins Wasser.

»Es kommt mir vor, als würde es immer weniger von den hellen Kügelchen geben. Wurden sie von den spitzen Pfeilen getroffen?«, fragte sie.

»Nein, sie sind weit genug unter Wasser, um nicht getroffen zu werden. Die meisten von ihnen sind verhungert, denn in diesem Meer gab es kaum noch organische Teilchen zu essen.«

Mara rümpfte die Nase bei dem Gedanken an organische Teilchen aus dieser stinkenden Brühe.

Der Chloroplast fuhr mit trauriger Stimme fort:

»Wir brauchten organische Substanz zum Leben, als Energiequelle und als Baustoff. Aber es gab immer weniger, weil wir schon so viel verbraucht hatten. Seit Millionen von Jahren lebten wir hier und hatten fast alles aufgefressen. Woher sollten wir nun unsere Energie holen und woraus die Bausteine für unsere Körper nehmen? Zudem brauchten wir noch Mineralien, vor allem für unsere Außenwand. Und die waren auch knapp!«, schloss er und beobachtete schweigend die Lebewesen im Meer.

»Wie hast du überlebt?«, fragte Mara nach einer Weile, worauf sich der Chloroplast langsam zu ihr wandte. Seine Augen waren zu Schlitzen verengt und Mara hatte das Gefühl, er würde Tränen unterdrücken. Dann stöhnte er laut und fuhr fort:

»Ich war kurz vor dem Verhungern, wie so viele. Ich fror entsetzlich und ließ mich, trotz der Gefahr der Sonnenpfeile an die Wasseroberfläche treiben. Das vom Sonnenlicht durchflutete Wasser war warm und hell. Ich fühlte mich besser, mein Grün strahlte und ich sog die Energie des Sonnenlichts in mich hinein. Da fielen mir zum ersten Mal die CO_2s auf.«

»Kann man die essen?«

»Nein, leider nicht, die CO_2s sind Moleküle, die als Gas durch die Luft schweben und manchmal im Wasser baden. Sie bestehen aus einem Atom Kohlenstoff und zwei Atomen Sauerstoff. Sie fliegen hier überall in der Luft herum.«

Mara beugte sich nach draußen. Wenn diese Moleküle hier herumschwebten, müssten sie doch zu sehen sein. Sie starrte angestrengt in die Luft und nun erkannte sie winzige Kugeln, noch viel kleiner als der Chloroplast, die zu dritt aneinander hingen und durch die Luft wirbelten. Einige tauchten ins Wasser und Mara traute ihren Augen nicht, als sie sah, wie sie im Chloroplasten verschwanden.

»Was hast du mit denen gemacht?«, fragte sie und er antwortete geheimnisvoll:

»Etwas ganz Besonderes!« Die Falten auf seiner Stirn hoben sich, seine Augen wurden groß und er fuhr fort:

»Ich habe diese Moleküle gedreht und gewendet. In meiner Verzweiflung nahm ich sie auseinander und zerlegte sie in ihre Bestandteile: Kohlenstoff und Sauerstoff. Die Sonne gab mir Kraft. Ihre Strahlen pumpten mich förmlich auf mit Energie. Diese Energie übertrug ich auf die Kohlenstoffatome. Sie klebten zusammen und es entstand eine völlig neue Substanz!«

»Etwas zum Essen?«

»Ja.« Der Chloroplast verdrehte die Augen und fing an zu schwärmen. »Es war etwas Wunderbares. Ich liebe es und nur ich kann es produzieren. Aus Sonnenlicht und CO_2! Du musst raten, was es ist, du kennst es.«

Mara überlegte. Sie sah sich in der öden Landschaft um, hatte aber nicht die geringste Idee.

»Hier gibt es doch nichts, außer ... Wie riecht es denn?«

»Es riecht gut, aber nicht sehr stark. Vor allem schmeckt es gut.«

»Wie schmeckt es denn, gib mir einen Tipp!«

»Es schmeckt süß!«, flüsterte der Chloroplast, als würde er ein großes Geheimnis verraten.

»Kuchen!«, entfuhr es Mara und sie sah den Chloroplasten verlegen an. Er würde sicher gleich anfangen zu lachen, aber er erwiderte ganz ernst:

»Rate weiter, du bist ganz nah dran. Was ich produziere, braucht man zum Kuchenbacken.«

Nachdenklich zupfte Mara an ihrer Unterlippe, bis ihr ein Kinderreim einfiel. Sie kam sich zwar albern vor, hatte aber keine andere Idee, deshalb murmelte sie halblaut:

»Wer will guten Kuchen backen,
der muss haben sieben Sachen:
Zucker und ...«

»Genau!«, rief der Chloroplast. »Das ist es, das habe ich damals gemacht: Zucker! Du hast es erraten.«

»Du kannst Zucker machen?« Mara starrte ihn an.

»Traubenzucker! Aus CO_2 und Sonnenenergie. Etwas Wasser brauche ich auch noch dazu. Der Vorgang heißt Photosynthese und nur ein Chloroplast wie ich kann das.«

»Du meinst aus den CO_2-Molekülen in der Luft?«

Der Chloroplast nickte.

»Und dem Licht der Sonne?«

Der Chloroplast nickte heftiger.

»Kannst du Traubenzucker machen?«

Die Augen des Chloroplasten waren jetzt groß und er nickte so heftig, dass Mara befürchtete, er würde gleich aus seinem Blatt herausfallen. Auch sie nickte nun ein paar Mal und sagte dann:

»Das ist ja irre! Du konntest von Licht und Luft leben. Wie heißt das noch mal?«

»Photosynthese! Ich war gerettet. Ich konnte nun Traubenzucker machen, sobald die Sonne schien! Aus dem Wasser musste ich nur noch Mineralien aufnehmen, die waren immer noch knapp, aber Zucker hatte ich jetzt genug.«

»Das muss ein Leben sein! Zucker, so viel man will, und keiner sagt solchen Quatsch wie: ›Jetzt ist aber Schluss, so viel Zucker ist ungesund!‹« Mara lehnte sich zurück und schmatzte, als hätte sie ein Stück Schokolade im Mund.

»Mir redete wirklich keiner rein, dafür aber war ich sehr allein und fühlte mich einsam. Ich war der einzige Chloroplast.«

»Gab es denn keinen anderen?«

»Weit und breit nicht, lange Zeit, bis …!«

»Erzähl!«

»Ich aß viel Zucker und wurde größer und dicker. Dann fiel ich in einen tiefen Schlaf. Ich erwachte sehr hungrig, ein Gefühl, von dem ich dachte, ich würde es nie mehr so stark empfinden. Zudem war ich kleiner geworden. Was war geschehen? Ich musste den Grund herausfinden, doch zuerst wollte ich Zucker machen, denn so hungrig, wie ich war, konnte ich nicht nachdenken. Da schwamm plötzlich ein grüner Körper neben mir!«

Mara streckte schnell ihren Kopf aus dem Baumhaus und sah zwei gleiche grüne Kugeln nebeneinander im Wasser schwimmen. Sie ärgerte sich, dass sie nicht die ganze Zeit nach draußen gesehen hatte.

»Wo kommt der denn her?«

»Ich wusste es nicht. Es war mir auch egal. Endlich war ich nicht mehr allein. Wir lächelten uns an, produzierten Zucker und aßen uns satt. Wir waren glücklich, aber ich hatte Angst, er würde eines Tages wieder verschwinden, so wie er aufgetaucht war. Meine schlimmsten Befürchtungen schienen wahr zu werden, als er in einen tiefen Schlaf sank. Ich sorgte mich um ihn und wollte ihn beschützen, wenn ich auch nicht genau wusste, wovor. Nachdem er lange geschlafen hatte, versuchte ich ihn aufzuwecken. Ich sprach ihn erst vorsichtig an, dann lauter, am Ende schrie ich: ›Wach auf‹, aber er rührte sich nicht. Panik ergriff mich, als er begann, sich in der Mitte einzuschnüren. Bald sah er aus wie ein Luftballon mit einem Gürtel. Der Gürtel zog sich immer enger zusammen, bis er den Chloroplasten in zwei Hälften teilte. Ich war starr vor Entsetzen. Doch dann stellte ich fest, dass aus jeder Hälfte ein neuer Chloroplast geworden war. Nach einiger Zeit erwachten sie, wir lächelten uns an und produzierten Zucker.«

Mara hatte alles beobachtet, die drei dunkelgrünen Kugeln im Wasser glichen sich wie ein Ei dem anderen.

»So muss das bei dir auch gewesen sein, als du geschlafen hast. Du hast dich geteilt.«

»Ja, jetzt wusste ich, woher die anderen kamen.«

Immer mehr grüne Kugeln teilten sich im Wasser, bis sich ein grüner Teppich bildete. Mara konnte die Chloroplasten nicht voneinander unterscheiden. Sie sahen alle gleich aus.

Plötzlich ging ein Ruck durch das Baumhaus. Mara klammerte sich an die Bank und starrte voller Angst den Chloroplasten an. Der erklärte ganz ruhig:

»Ich habe den Zeitraffer ein wenig beschleunigt. Wir überfliegen jetzt ein paar Millionen Jahre.«

»Wieso?«, stotterte Mara.

»Weil ich dir die Entwicklung der Lebewesen auf der Erde bis in deine Zeit zeigen möchte. Wir haben 3650 Millionen Jahre vor uns! Das ist ein unvorstellbar langer Zeitraum, sogar für mich. Aber wir könnten uns ein Jahr mit 365 Tagen vorstellen, in dem jeder Tag 10 Millionen Jahre dauert. Was hältst du davon?«

»Ich kann mir 10 Millionen Jahre auch nicht vorstellen«, gab Mara zu, aber der Chloroplast fuhr bereits fort:

»Aber ein Jahr schon! Stell dir vor, unsere Reise beginnt am 1. Januar und endet am 31. Dezember. Seit dem 1. Januar gab es mich, seit dem 1. Februar hatte ich meine grüne Farbe und konnte Photosynthese machen, und nun entwickeln sich diese Blaualgen da unten.«

Mara warf einen Blick aus dem Baumhaus und staunte. Im Wasser schwammen nun noch mehr dunkelgrüne Kugeln, aber sie schwammen nicht mehr einzeln herum, sondern bildeten zusammenhängende Ketten, von denen sich manche verzweigten, so dass eigenartige, grüne Gebilde entstanden.

Dann wandte sie sich dem Chloroplasten zu.

»Wenn die Zeitreise ein Jahr dauert, kann ich nicht mitkommen. Ich bin nur eine Woche bei meiner Tante, schade«, seufzte sie leise.

Aber der Chloroplast beruhigte sie:

»Du wirst rechtzeitig zurück sein, deine Tante wird gar nicht merken, dass du fort warst. Mach dir deshalb keine Sorgen.«

»Wenn das möglich ist, dann kannst du mir die ganze Entwicklung des Lebens auf der Erde zeigen – von damals bis heute?«

»Das habe ich vor.«

»Toll!« Mara rutschte ganz nah an die Brüstung, legte ihre Arme darauf und sah nach unten. Der Chloroplast nannte ihr den Namen einer Kette, die wie eine Perlenschnur aussah. Sie hieß Nostoc. Eine schlangenartige Form, die sich peitschend durchs Wasser bewegte, hieß Oscillatoria und die verzweigten Ketten nannte er Stigonema. Leise flüsternd wiederholte Mara die Namen.

»Das sind Blaualgen«, erklärte der Chloroplast, »sie sind anders als ich. Sie haben über lange Zeit eine besondere Hülle entwickelt und sich aneinander gehängt.«

Es sah aus, als würden die verschiedenen Blaualgen Ringelreihen spielen. Sie teilten sich häufig und füllten das Meer, so weit das Auge reichte.

Mara betrachtete die Einzeller, als ihr etwas auffiel.

»Kommt es mir nur so vor oder schwimmt ihr jetzt an der Wasseroberfläche? Ich dachte, das sei gefährlich wegen der giftigen Sonnenpfeile.«

»Wir schwimmen an der Oberfläche und trotzdem töten uns die Sonnenpfeile nicht! Sie kommen gar nicht mehr auf die Erde.«

»Wie ist das möglich?«

»Bei der Photosynthese entsteht neben dem Zucker noch etwas: ein Gas, das O_2 heißt.«

»Wenn es ein Gas ist wie das CO_2, dann schwebt es in der Luft und ist unsichtbar, oder?«

»Genau. Anfangs hielt ich es für ein Abfallprodukt. Ich konnte es nicht brauchen.«

»Ist O_2 eine Abkürzung?«

»Mit vollem Namen heißt es Sauerstoff.«

»Sauerstoff! Das ist doch kein Abfallprodukt! Ohne Sauerstoff könnten wir nicht leben, nicht atmen!«

»Hier atmete auch niemand. Du musst wissen, dass es in

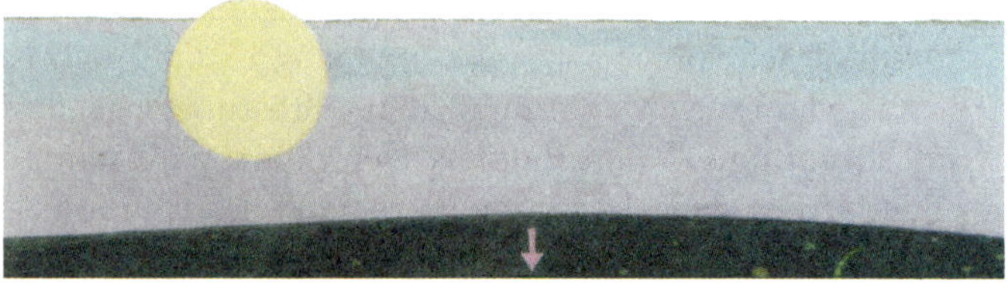

der Luft gar keinen Sauerstoff gab, bevor ich anfing, Photosynthese zu machen. Und selbst jetzt gibt es davon nur sehr wenig!«

»Es gibt hier fast keinen Sauerstoff?« Mara griff sich an die Kehle. Und mit angehaltenem Atem piepste sie:

»Ohne Sauerstoff muss ich ersticken!« Sie starrte den Chloroplasten mit weit aufgerissenen Augen an.

»Aber doch nicht hier im Baumhaus!«, rief er schnell.

Sie holte vorsichtig Luft durch die Nase. Ihre Lippen hielt sie noch fest aufeinander gepresst. Dann öffnete sie den Mund und machte einen tiefen Atemzug. Natürlich konnte sie im Baumhaus atmen. Sie räusperte sich.

»Und was wird aus dem Sauerstoff, wenn ihn hier keiner zum Atmen braucht?«

»Die Sauerstoffatome verbinden sich immer zu Paaren. Sie können nicht alleine sein. Und diese Paare nennt man Sauerstoff. Die meisten von ihnen bleiben hier unten, aber einige fliegen weit hinauf.«

Mara sah in den Himmel, eine kleine Wolke schob sich vor die Sonne.

»Was machen die da oben?«, fragte sie den Chloroplasten.

»Das kann ich dir zeigen.«

Langsam hob sich das Baumhaus, der Abstand zum Meer wurde immer größer, sie flogen höher und höher, durch die kleine Wolke hindurch näher zur Sonne. Hier oben war es so still, dass Mara ihr Herz klopfen hörte. Sie atmete so leise wie möglich und starrte in die klare Luft. Plötzlich erkannte sie darin viele Paare winziger Kugeln, die sich drehten, als würden sie tanzen. Das mussten die Sauerstoffpaare sein! Die Lichtstrahlen der Sonne sausten wie gewellte Luftschlangen zwischen ihnen hindurch zur Erde, die weit unten lag. Es war, als würde in diesen Höhen ein Tanzfest ohne Musik stattfinden.

Doch plötzlich zischte ein spitzer Pfeil aus der Sonne herab, mitten in die Tanzenden hinein. Er traf eines der Sauerstoffpaare, und die beiden Atome wurden so weit auseinander geschleudert, dass sie sich nicht mehr finden konnten. Sie flogen wie wild umher, bis eines von ihnen mit einem Sauerstoffpaar zusammenstieß und von ihm festgehalten wurde. Zu dritt bildeten sie ein Dreieck und begannen sich im Kreis zu drehen. Auch das andere Sauerstoffatom prallte mit einem neuen Paar zusammen und bildete mit ihm ein Dreieck. Der Pfeil aber war verschwunden.

Nun kamen weitere Pfeile und Mara beobachtete, dass sie in dem Moment, in dem sie auf ein Sauerstoffmolekül trafen und es auseinander schlugen, ihre Spitze verloren und in Luftschlangen verwandelt wurden, die als Lichtstrahlen zur Erde sausten. Manche Pfeile trafen auf Dreiecke und trennten sie in ein Paar und ein einzelnes Atom, und auch dabei wurden die Pfeile zu Luftschlangen. Die einzelnen Sauerstoffatome suchten sich immer neue Paare. Mara sah dem Treiben lange zu, dann wandte sie sich zum Chloroplasten, der sie anlächelte. Langsam senkte sich das Baumhaus und als sie wieder über dem Meer schwebten, fragte sie:

»Waren das die spitzen Pfeile der Sonne, vor denen du so Angst hast?«

Der Chloroplast nickte.

»Ja, das waren sie, aber wenn sie auf ein Sauerstoffpaar oder ein Sauerstoffdreieck treffen, werden sie unschädlich.«

»Wie heißen denn die Dreiecke?«

»Das ist Ozon, ein Molekül aus drei Sauerstoffatomen und die Gegend, in der sie tanzen, heißt Ozonschicht.«

»Dann waren wir gerade in der Ozonschicht! In ihr werden die Pfeile also stumpf. Ich habe schon gehört, dass sie wichtig ist, aber ich wusste nicht so genau, warum.«

»Wenn die Ozonschicht nicht wäre, müssten wir Lebewesen immer noch unter Wasser leben, sonst würden uns die gefährlichen Pfeile der Sonne töten.« Sie sahen nun beide nach oben und der Chloroplast fuhr fort:

»Die Ozonschicht liegt weit über den Wolken, sie umgibt diese Erde wie eine riesige Schutzhülle. Wie ein gigantischer Schirm spannt sie sich über uns und macht ein Leben an der Wasseroberfläche und auf dem Land dieser Erde erst möglich.«

Maras Blick glitt über den Himmel bis zum weiten Horizont.

»Eine unsichtbare Schutzhülle aus Sauerstoff und Ozon!«, murmelte sie. »Und du dachtest, Sauerstoff sei ein Abfallprodukt!«

»Ja, stell dir das mal vor«, grinste der Chloroplast.

Mara lehnte sich zurück. Wie lange war sie eigentlich schon hier? Sie hatte jedes Zeitgefühl verloren. Der Chloroplast hatte sie mit den vielen Millionen und Milliarden Jahren völlig verwirrt. Sie fühlte sich, als würde sie in der Zeit schweben wie das Baumhaus in der Luft. Sie wollte mehr über diese Welt erfahren, fühlte sich aber plötzlich sehr erschöpft. Der Chloroplast schien es zu bemerken und fragte, ob sie zurück wolle. Mara zuckte mit den Schultern.

»Die Geschichte ist doch noch lange nicht zu Ende! Wenn du sicher bist, dass meine Tante nichts merkt, dann bleibe ich lieber noch.«

Der Chloroplast runzelte die Stirn, so dass aus den feinen Linien kleine Furchen wurden. Schließlich schlug er vor:

»Wir können jetzt zurückfliegen und morgen noch mal eine Zeitreise unternehmen, wenn du wieder ins Baumhaus kommst.«

Maras Gesicht hellte sich begeistert auf.

»Geht das? Das wäre toll, ich komme ganz bestimmt!«

Kaum hatte sie den Satz zu Ende gesprochen, wurde ihr schwindlig und kühler Nebel umgab sie wie bei der Hinreise in die Vergangenheit. Sie hielt sich an der Bank fest. Als der Nebel nachließ, ging ein Ruck durch das Baumhaus und es war wieder fest verankert in der alten Eiche im Garten ihrer Tante. Die Sonne schien und das Laub raschelte leise.

vor
3650–3600
3400
3200
3000
2800
2600
2400
2200
2000
1800
1600
1400
1200
1000
800
600
400
200
100
1–0
Millionen Jahren

»Wie viel Zeit ist hier vergangen?« Mara deutete auf den Garten. Sie konnte immer noch nicht glauben, dass niemand ihre Abwesenheit bemerkt haben sollte.

»Wenig. Es ist sicher niemandem aufgefallen, dass wir eine Zeitreise gemacht haben! Kommst du morgen?«, fragte der Chloroplast und in seiner Stimme lag ein bittender Ton.

»Ja gerne!«, sagte Mara. Sie lächelten einander an und das Gesicht des Chloroplasten versank langsam im Grün seines Blattes.

»Chloroplast!«, rief Mara noch, aber er war nicht mehr zu erkennen.

Benommen stand sie auf, kletterte die Leiter hinunter, ging zum Haus und setzte sich in die Hollywoodschaukel auf der Terrasse. Aus dem Wohnzimmer klang Klaviermusik, immer wieder wurde das gleiche Stück geübt. Maras Tante war Klavierlehrerin und konnte wunderbar spielen. Es musste also die Schülerin sein, von der sie heute Morgen gesprochen hatte. Wenn diese Schülerin sogar in den Ferien Stunden nahm, war sie wahrscheinlich sehr fleißig, dachte Mara. Sie selbst hatte vor einigen Jahren angefangen, Klavier zu spielen, aber das tägliche Üben war ihr so auf die Nerven gegangen, dass sie wieder aufgehört hatte. Sie ging nach den Hausaufgaben lieber zu einer Freundin oder führte den Hund der Nachbarin spazieren, um ihr Taschengeld aufzubessern. Sie gab der Schaukel ein wenig Schwung.

»Eine unsichtbare Schutzhülle«, murmelte sie vor sich hin und dachte an das schwebende Baumhaus über dem Meer und an die kahle, leere Welt, in der sie ganz alleine gewesen war – bis auf den Chloroplasten natürlich. Sie war sich nicht sicher, ob es ihn wirklich gab oder ob diese Zeitreise nur ein Traum gewesen war, ihr Traum von einer weiten Reise.

Aber würde sie von der Photosynthese träumen? In der Schule hatte sie davon gehört, aber sehr spannend war das nicht gewesen. Das Gleiche galt für die Ozonschicht – dieses Tanzfest in schwindelnder Höhe, das sie nie vergessen würde. So etwas konnte sie nicht erfinden. Oder doch? War ihr Wunsch, ohne die Eltern wegzufahren, so stark, dass sie eine solche Zeitreise erfinden musste?

»Die Klavierschülerin ist gerade gegangen.« Mara fuhr erschrocken hoch. Tante Thea war mit einem Tablett, auf dem zwei Gläser und eine Flasche Saft standen, auf die Terrasse gekommen.

»Hast du geschlafen? Ich wollte dich nicht erschrecken!«

»Nein, nein«, sagte Mara rasch, »ich habe nicht geschlafen. Ich war in dem alten Baumhaus.«

»Ich dachte, es wäre schon ganz morsch. Kann man denn da überhaupt noch raufklettern? Ich glaube, Richard war das letzte Mal oben, als er in deinem Alter war. Das ist schon einige Jahre her.«

Richard war Theas Sohn. Er studierte und wohnte nicht mehr zu Hause. Für Mara war er immer der große Cousin gewesen, der sich mit ihrem viel älteren Bruder gut verstand. Sie erinnerte sich, dass die beiden oft ins Baumhaus geklettert waren und sie unten stehen ließen, als wäre sie gar nicht da.

»Es ist in einem guten Zustand und es ist schön mitten in einem Baum zu sitzen«, sagte Mara.

»Das kann ich mir gut vorstellen«, meinte Thea. Sie tranken Saft und brachten anschließend Maras Reisetasche in

Richards Zimmer, das nun als Gästezimmer diente. Vom Fenster aus konnte man den ganzen Garten sehen, aber das Baumhaus war gut getarnt.

Ob es diesen Chloroplasten wirklich gab? Wenn es ihn gab, hatte er sich gut versteckt. Lange schaute sie aus dem Fenster in die grünen Bäume, bis Thea vorschlug, Pizza essen zu gehen.

»Damit der Abend nicht so langweilig wird«, meinte sie, aber Maras Langeweile war wie weggeblasen.

Sie gingen in eine kleine Pizzeria und unterhielten sich. Als Mara von ihrem Mathematiklehrer erzählte, musste Thea laut lachen und sagte, ihrer wäre damals genauso gewesen. Es war schon spät, als sie nach Hause kamen.

In dieser Nacht schlief Mara tief und traumlos. Die ersten Sonnenstrahlen weckten sie auf und als sie sich streckte, stieß sie an etwas Weiches. Sie zog den Fuß zurück und setzte sich auf. Es war Lido, Theas Kater. Sie hatte ihn an einem italienischen Strand gefunden und in einer Tasche versteckt mit nach Hause genommen. Er lag an ihren Beinen und blinzelte sie verschlafen an. Mara lächelte und nahm den Kater in den Arm.

»Sag mal, weißt du, ob es Chloroplasten wirklich gibt?« Der Kater räkelte sich und fing an zu schnurren. Die Zeitreise kam Mara jetzt völlig unwirklich vor. Sie hätte nicht sagen können, ob sie geträumt hatte oder dem Chloroplasten wirklich begegnet war.

Sie stand auf, zog sich an und ging hinunter, gefolgt von Lido. Thea saß bereits am Frühstückstisch und las Zeitung.

»Guten Morgen, Mara, komm setz dich, ich mache dir frischen Toast. Hast du gut geschlafen?«

»Ja, sehr gut, Lido lag im Bett, als ich aufwachte!«

»Wenn er dich stört, musst du ihn vor die Tür setzen, das Gästebett ist nämlich sein Stammplatz.«

»Oh nein, er stört mich gar nicht. Es ist schön, eine Katze

im Bett zu haben!« Sie kraulte Lido, der zu ihr auf die Küchenbank gesprungen war.

»Er mag dich, Mara, das macht er nicht bei jedem!«

»Ich mag ihn auch.«

Das Telefon klingelte und Thea ging ins Wohnzimmer, um abzuheben. Mara strich sich Butter auf den Toast und warf einen Blick auf die Zeitung. Eine dicke Überschrift hieß:

Hundshitze

Darunter war ein Hund abgebildet, der in einen öffentlichen Brunnen gesprungen war. Ein paar Kinder zogen ihre Schuhe aus und wollten auch in den Brunnen klettern, aber Erwachsene hielten sie davon ab. Mara musste lächeln, doch dann fiel ihr Blick auf die nächste Überschrift:

Ozonschicht weiterhin gefährdet!

Wissenschaftler vermessen das Ozonloch mit neuen Methoden und stellen bedrohliche Ausmaße fest!

Mara erschrak. Der Chloroplast hatte gesagt, nur durch die Ozonschicht sei das Leben auf der Erde geschützt. Sie las weiter:

Die Treibgase aus Spraydosen und Kühlaggregaten dringen weiterhin in die Stratosphäre ein. Hier zerstören sie das Ozon und gefährliche UV-Strahlen gelangen auf die Erde.

Die UV-Strahlen, die gefährlichen Strahlen der Sonne, das mussten die spitzen Pfeile sein, von denen der Chloroplast erzählt hatte!

Sie gelangen auf die Erde, wenn die Ozonschicht ein Loch hat! Und sie sind lebensgefährlich! Mara legte ihr angebissenes Toastbrot auf den Teller. Der Appetit war ihr vergangen. Sie las den Bericht noch einmal. Und die Wissenschaftler wussten von der Gefahr! War das nicht ein Beweis, dass es den Chloroplasten wirklich gab? Mara war noch immer über die Zeitung gebeugt, als Thea zurückkam und im Vorbeigehen einen Blick darauf warf.

»Der Hund in dem Brunnen ist süß, findest du nicht, Mara?«

»Ja, aber das mit dem Ozonloch ist gar nicht süß!«

»Interessierst du dich schon für so was?«, fragte Thea überrascht.

»Das sollte doch jeden interessieren. Es ist furchtbar, wenn die Ozonschicht kaputtgeht, dann stirbt alles Leben auf der Erde!«

»So schlimm wird es nicht gleich kommen!« Thea wusste ja nicht, wie schlimm es wirklich war.

Mara musste den Chloroplasten fragen, ob das Ozon und der Sauerstoff wegen der Treibgase ihr Spiel aufgaben und Pfeile durchließen! Am liebsten wäre sie sofort ins Baumhaus gestiegen. Aber sie zwang sich, sitzen zu bleiben.

»Was machen wir heute, Thea?«

»Wir könnten zum Baden gehen.«

»Jetzt gleich?«

»Wir können auch heute Nachmittag gehen, gerade hat die Klavierschülerin angerufen. Sie ist sehr nervös vor ihrem Konzert und würde gerne noch mal vorbeikommen. Ich habe ihr versprochen anzurufen, wenn wir wissen, was wir heute vorhaben.«

»Sie kann gerne kommen. Ich klettere ins Baumhaus und lese ein bisschen, das mache ich furchtbar gerne!«

Kam es ihr nur so vor oder warf Thea ihr einen fragenden Blick zu?

»Und das wird dir nicht langweilig?«

»Bestimmt nicht!«

»Also gut, dann sage ich der Schülerin für heute Vormittag zu«, sagte Thea und ging ins Wohnzimmer, um zu telefonieren. Mara kraulte Lido und murmelte:

»Hoffentlich ist er da!«

Und wenn sie doch nur geträumt hatte?

Sie holte ihr Buch und kletterte mit klopfendem Herzen die Stufen zum Baumhaus hinauf.

Er musste da sein!

Sie setzte sich auf die Bank, hielt das Buch mit beiden Händen fest, starrte auf das Blatt des Chloroplasten und rief leise seinen Namen. Nichts! War es dieses Blatt gewesen oder ein anderes? Sie ärgerte sich, dass sie nicht genau wusste, welches Blatt sie ansehen sollte. Ganz ruhig bleiben, dachte sie. Immerhin wird sich gleich herausstellen, ob ich diesen Chloroplasten erfunden habe oder ob es ihn wirklich gibt.

Sie schlug ihr Buch auf und betrachtete die Buchstaben, die keinen Sinn ergaben, denn sie war mit ihren Gedanken beim Chloroplasten.

Er hatte doch gesagt morgen, und das war heute. Vielleicht kam er erst am Nachmittag – oder gar nicht, dachte sie enttäuscht.

»Hallo Mara!«

Sie hob erfreut den Kopf.

»Hallo Chloroplast, da bist du ja!«, strahlte sie ihn an. Es gab ihn wirklich! Sie war nicht verrückt.

»Du bist früh dran!«, stellte er fest.

»Ich muss dich etwas fragen. Kann die Ozonschicht kaputtgehen und meinst du mit den spitzen Pfeilen die UV-Strahlen?«

»Ja, wieso sagst du jetzt UV-Strahlen?«

»Ich habe es in der Zeitung gelesen und war nicht sicher, ob es deine Pfeile sind.«

»Stand da auch, wie gefährlich sie sind?«

»Schon, aber meine Tante glaubt es nicht. Sie hat versucht, mich zu beruhigen, dabei würden doch alle Lebewesen auf der Erdoberfläche sterben, wenn die Ozonschicht kaputtginge!«

»Bis jetzt gibt es sie noch, aber sie hat bereits Löcher. Wenn es sie nicht mehr gibt, sterben die Lebewesen. Oder die Menschen setzen die Erde unter eine Glasglocke, dann kommen auch keine Pfeile durch. Das würde ich ihnen glatt zutrauen, aber ein schönes Leben wäre das nicht!«

»Nein bestimmt nicht.« Mara schüttelte den Kopf.

»Es könnte aber auch sein, dass die Menschen vernünftig werden und zum Beispiel keine Spraydosen mehr verwenden!«, sagte der Chloroplast und lachte laut auf, als hätte er gerade einen guten Witz gerissen.

»Wie kannst du darüber lachen? Das ist doch ein großes Problem!«, empörte sich Mara.

Der Chloroplast versuchte ganz ernst auszusehen und sagte dann langsam:

»Die Menschheit ist noch sehr jung, vielleicht wird sie ja noch vernünftig. Ich habe schon viel erlebt. Soll ich dir jetzt meine Geschichte weitererzählen?«

»Oh ja, bitte!«

2. Reise

Schon spürte sie den Druck, der ihr die Luft nahm. Ihr wurde schwindlig und sie hielt sich an der Bank fest. Nach kurzer Zeit waren sie da. Das Baumhaus schwebte wieder über dem Meer. Unter ihnen war es ganz ruhig, doch in einiger Entfernung erhob sich eine hohe Felswand und von dort hörte Mara ein unheimliches Brodeln. Es schwoll langsam zu einem dunklen Grollen an, bis eine riesige Welle mit ohrenbetäubendem Lärm über die Felswand donnerte und sich in den Teil des Meeres ergoss, über dem sie schwebten. Mara wich erschrocken zurück. Der Chloroplast starrte nach draußen auf die glitzernde Wasserwand, die das Licht in allen Regenbogenfarben reflektierte. Die Farbenpracht des Lichtes breitete sich in der kahlen Landschaft aus und Mara konnte den Blick nicht abwenden, obwohl es fast in den Augen schmerzte.

Als das laute Tosen abschwoll und nur noch einzelne Wasserperlen über die Felswand rannen, sah Mara zum Chloroplasten, der mit seinem Mund Worte formte, die sie aber erst verstehen konnte, als sie sich ganz nah zu ihm hinüberbeugte.

»Wo ist sie?«, fragte er mehrmals hintereinander.

»Wen meinst du?«

Der Chloroplast schien sie nicht zu hören. Er suchte die Wasseroberfläche ab. Mara folgte seinen Blicken. Plötzlich entdeckte sie ein seltsames Ding und im gleichen Augenblick sagte der Chloroplast:

»Sieh!«

Mara betrachtete das helle, fast farblose Teil, das aussah wie eine in die Länge gezogene Kugel und sich schnell im Zickzackkurs auf dem Wasser bewegte, als wüsste es nicht, wohin es sich wenden sollte. Bis es den Chloroplasten und die Blaualgen im Wasser entdeckte und direkt auf sie zusteuerte. Mara hielt den Atem an. Dieses Ding war viel größer als der Chloroplast. War es gefährlich?

»Als sie damals auf uns zukam, hatten wir schreckliche Angst«, flüsterte der Chloroplast. »Dieses unterirdische Erdbeben hatten wir ganz gut überstanden, so etwas kam damals öfter vor. Aber solche Wassermassen aus einem anderen Meer – über die hohen Felsen – das hatte ich noch nie erlebt.« Er sah wieder hinaus. »Sie kam auf uns zu, siehst du? Bis dahin hielten wir uns für die größten Lebewesen, aber da hatten wir uns getäuscht. Was uns am meisten beunruhigte, war ihre Zielstrebigkeit. Nachdem sie uns entdeckt hatte, kam sie genau auf uns zu, als könnte sie ihre Richtung bestimmen. Wir waren der Strömung hilflos ausgeliefert, sie jedoch ...«

»Sie hat ein Ruder am hinteren Ende!«, rief Mara aufgeregt.

»Genau, aber das konnten wir anfangs nicht sehen. Wir wären gerne geflüchtet. Wir hatten Angst, obwohl sie alleine war und wir so viele. Ich nahm meinen ganzen Mut zusammen und rief: ›Wer bist du? Was willst du von uns?‹ Langsam kam sie näher, in ihrer vollen Größe! Nun erkannte ich das Ruder und es verschlug mir die Sprache. Das Ungetüm schaute uns mit großen Augen an und teilte uns mit tiefer Stimme mit, es sei eine Zelle und es hätte sich verirrt. Auf dem Meeresboden war ein Vulkan ausgebrochen. Das Wasser um die Zelle herum hatte zu brodeln begonnen und eine Flutwelle hatte sie mitgerissen. Sie hatte die anderen Zellen, mit denen sie lebte, aus den Augen verloren und konnte sie nicht mehr finden. Sie war ganz allein. Schluchzend lag dieses farblose, riesige Wesen vor uns im Wasser. Nach einer Weile fragte sie mit tränenerstickter Stimme, wer wir denn seien. Wir hatten sie die ganze Zeit nur ange-

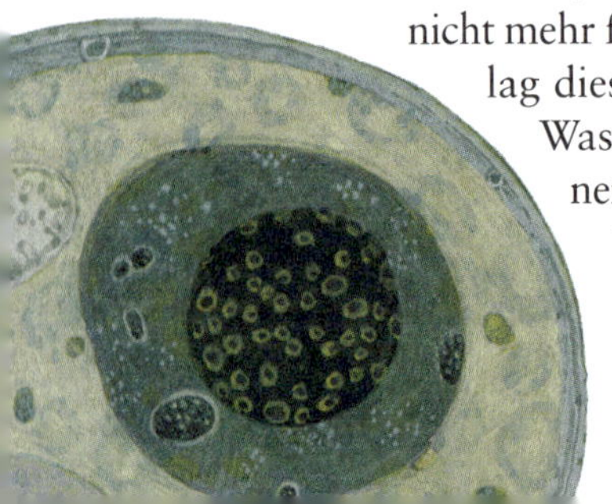

starrt und uns gefragt, ob sie gefährlich sei. Jetzt stellte ich mich und die Blaualgen vor. Ich erzählte von uns und unserer Photosynthese, bei der wir Zucker und Sauerstoff produzierten.

Als ich den Sauerstoff erwähnte, kam die Zelle noch näher auf uns zu. Durch ihren Schwung entstanden kleine Wellen, die uns im Kreis von ihr wegtrieben, was uns sehr recht war. Als sie das bemerkte, hielt sie inne und erzählte, dass sie unseren Sauerstoff zum Leben bräuchte. Und trotz der schrecklichen Umstände freute sie sich, uns kennen zu lernen.

Dass jemand von unserem Sauerstoff leben konnte, daran hatte ich bisher nicht gedacht. Die Zelle erklärte, sie würde mit Sauerstoff atmen. Weißt du, ich atme auch, aber dazu brauche ich keinen Sauerstoff.«

»Wie kann man denn ohne Sauerstoff atmen?«, fragte Mara.

»Bei der Atmung geht es darum, die Nahrung, in meinem Fall den Zucker, zu zerlegen, um Energie zu gewinnen. Der Zucker besteht aus sechs miteinander verbundenen Kohlenstoff-Atomen. Ich spalte ihn in kleinere Teile, die nur aus zwei Kohlenstoff-Atomen bestehen. Bei jeder Spaltung bekomme ich Energie, die ich für meinen Stoffwechsel brauche. Da ich den Zucker an zwei Stellen spalte, bekomme ich dementsprechend zweimal Energie. Die Zelle aber konnte so einen Zucker mithilfe von Sauerstoff fünfmal spalten, bis nur noch einzelne Kohlenstoff-Atome übrig waren, und erhielt entsprechend mehr Energie. Dieses einzelne Kohlenstoff-Atom verband sich mit Sauerstoff und wurde von der Zelle ausgeatmet.«

»Toll, und warum machst du das nicht auch?«, fragte Mara begeistert.

»Ich kann das nicht. Außerdem brauche ich das gar nicht, weil ich immer genug Zucker habe. Ich kann mir das leisten! Aber die Zelle wäre schon längst verhungert, wenn sie so verschwenderisch gewesen wäre wie ich. Sie und die anderen

vor
3650–3600
3400
3200
3000
2800
2600
2400
2200
2000
1800
1600
1400
1200
1000
800
600
400
200
100
1–0
Millionen Jahren

Zellen hatten so viel Nahrung verbraucht, dass sie sich große Sorgen machten. Sie mussten sehr sparsam mit der Energie in der Nahrung umgehen.«

»Und deshalb atmeten sie mit Sauerstoff und produzierten CO_2«, sagte Mara nachdenklich.

»Genau! Ich hatte mir schon oft darüber Gedanken gemacht, was wohl passieren würde, wenn die Blaualgen und ich alles CO_2 aufgebraucht hätten.«

»Es wäre wie am Anfang unserer Reise, ihr wärt verhungert«, sagte Mara langsam, »oder du wärst rosa geworden und hättest von Regen gelebt.« Sie grinste. Der Chloroplast zog die Augenbrauen hoch, warf einen Blick zum Himmel und zischte:

»Rosarot, sonst noch was?« Dann fuhr er mit seiner Erzählung fort:

»Es gab zwar sehr viel CO_2 in der Atmosphäre und im Wasser, aber irgendwann wäre es knapp geworden. Und nun kam diese Zelle daher und produzierte CO_2!«

»Sie atmen O_2 ein und CO_2 aus und du brauchst CO_2 und produzierst Sauerstoff. Wie praktisch! Aber ...«, Mara beugte sich zum Chloroplasten und sprach ganz leise, »woher hatten die Zellen den Zucker?«

»Sie ernährten sich wohl nicht direkt davon.«

»Wovon dann? Von den organischen Teilchen?«

»Zum Teil, aber sie fraßen auch Blaualgen. Unsere Angst war nicht unbegründet.«

»Lebendige Blaualgen?«, fragte Mara entsetzt. Der Chloroplast zögerte mit der Antwort, dann sagte er ausweichend:

»Anzunehmen.«

»Dann war die Zelle wirklich gefährlich. Wie seid ihr sie wieder losgeworden?«

»Gar nicht. Diese Zelle traute sich nicht, einen von uns zu

fressen. Sie war erschöpft und fragte, ob sie sich bei uns ausruhen könnte. Wieder bei Kräften, wollte sie weiter nach den anderen Zellen suchen, die sie bei der Katastrophe verloren hatte. Dann fiel sie in tiefen Schlaf – und das bei hellem Sonnenschein! Ich fragte mich, ob sie wusste, dass sie über die hohe Felswand geschleudert worden war. Ihre Chance, die anderen Zellen zu finden, war sehr gering. Trotz ihrer Größe und ihres Ruders würde sie die Felsen nicht überwinden können.

Bei diesem Gedanken schlief ich ein, denn es war inzwischen Nacht geworden. Am nächsten Morgen fühlte sich die Zelle etwas besser. Sie bedankte sich noch einmal und wollte weiter. Verzweifelt sah sie sich um und drehte sich im Kreis. Sie wusste nicht, in welche Richtung sie schwimmen sollte. Ich betrachtete die Zelle. Sie war mein Garant für CO_2 und ich produzierte den Sauerstoff, den sie brauchte. Wir waren voneinander abhängig und kannten uns doch gar nicht.

Wir sahen einander an und mir wurde klar, dass sie die gleichen Gedanken hatte wie ich. Sie näherte sich langsam, bis wir uns fast berührten. Wir sprachen nicht. Wir wussten, wie eng wir zusammengehörten.

Ich schlug ihr vor, bei uns zu bleiben. Sie überlegte lange und nahm schließlich meinen Vorschlag an. Zum ersten Mal sah ich sie lächeln.

Wir verbrachten viel Zeit miteinander. Ich zeigte ihr die Umgebung. Viel gab es ja nicht zu sehen, denn eigentlich war es genauso wie in ihrer Heimat. Nur dass dort viele Zellen lebten, die sie wohl nie wieder sehen würde. Sie fragte mich, ob diese Zellen die Katastrophe wohl überlebt hätten. Darauf konnte ich ihr keine Antwort geben.

Oft schwammen wir in die Nähe des Ufers, ins seichte,

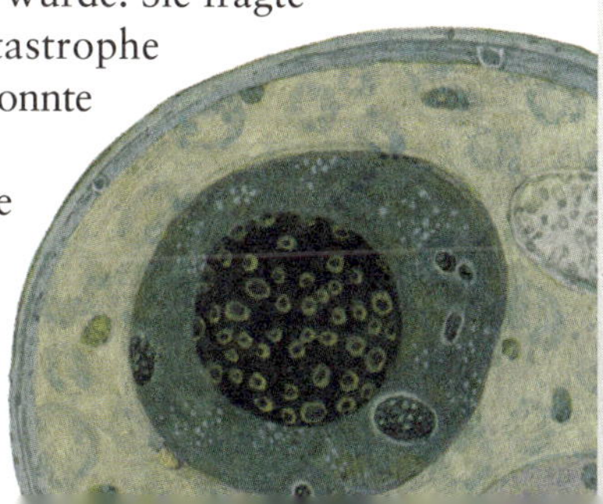

warme Gewässer, und blickten auf die grauen Felsen. Obwohl wir wussten, dass die Zellen, die vielleicht mit der Flutwelle an Land gespült worden waren, längst vertrocknet sein mussten. Aber es war auch möglich, dass sie im Meer hinter der großen Felswand geblieben waren und nur sie als einzige Zelle zu uns herübergespült worden war. Sie sah mich an und ein trauriges Lächeln legte sich auf ihr Gesicht.

Ich war gerne mit ihr zusammen, obwohl es nicht ganz leicht war, denn mit ihrem Ruder konnte sie sich blitzschnell auf ein Ziel zubewegen, während ich mich nur treiben lassen konnte. Wenn wir an einen bestimmten Ort wollten, schwamm sie einfach los, während ich durch die von ihr ausgelösten Wellen in die andere Richtung getrieben wurde. Ich schrie dann jedes Mal sehr laut, doch sie drehte sich nur um und sah mich lachend an. ›Mit deinem Zucker aus Sonnenenergie kannst du es dir leisten, einfach so herumzutreiben‹, rief sie zurück, ›aber ich habe da vorne etwas zu Essen entdeckt. Ich bin gleich wieder da.‹ Mir blieb nur zu warten. So ein Ruder hätte ich auch gerne gehabt. Schwimmen, wohin man will, mal schnell, mal langsam. Ich konnte nicht mal an einem Ort bleiben. Ein winziger Lufthauch genügte bereits, mich in Bewegung zu versetzen, ob ich es wollte oder nicht.

Auch war die Zelle weniger verletzlich als ich. Meine dünne Haut bekam schon bei der kleinsten Berührung mit einem Stein Schürfungen, während ihre völlig unversehrt blieb.

Sie nahm viel Rücksicht auf mich und schwamm meist langsam in die Richtung, in die ich getrieben wurde. Aber ich hatte das Gefühl, sie hätte mehr zu essen gefunden, wenn sie nicht immer in meiner Nähe geblieben wäre. Und manchmal, wenn mich die Strömung gefährlich nahe ans Ufer brachte, stupste sie mich an und schob mich wie-

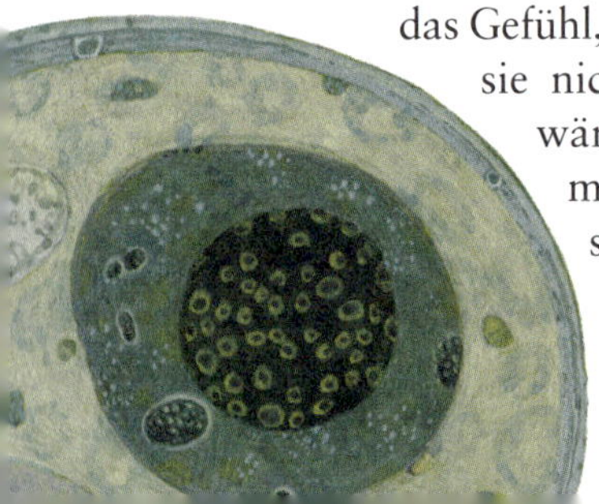

der auf das offene Wasser hinaus. So hat sie mir manches Mal das Leben gerettet!«

»Wieso ist das Ufer eigentlich so gefährlich?«, fragte Mara.

»Wir Einzeller brauchen ständig Wasser und haben keine Möglichkeit, es zu speichern. Dazu sind wir zu klein. Wer auf die trockenen Steine gespült wurde, musste verdorren. Ein grausamer Tod. Keiner der Einzeller, die es erwischt hat, kam jemals wieder ins Wasser zurück.

Die Zelle ihrerseits wurde nicht müde, von meiner Photosynthese zu schwärmen, von meiner, wie sie sagte, genialen Möglichkeit, die Sonne anzuzapfen. Jeder von uns hatte Eigenschaften, die der andere auch gern besessen hätte.«

Mara lehnte sich zurück an die Wand und streckte ihre Beine aus. Sie musste plötzlich gähnen und sah den Chloroplasten fragend an:

»Warum hat es dich so verwundert, dass die Zelle bei Licht schlafen kann? Das ist doch nicht außergewöhnlich.«

»Für einen Chloroplasten schon. Ich bin immer wach, wenn die Sonne scheint, und mache Photosynthese. Wenn es dunkel wird, schlafe ich ein. Dagegen kann ich gar nichts tun. Deshalb erlebst du bei unserer Zeitreise keine Nacht. Ich überspringe die Nächte mithilfe des Zeitraffers.«

»Was würde passieren, wenn du einschläfst? Würden wir dann in der Nacht stecken bleiben?«

»Ja, bis es wieder hell wäre und ich aufwache.«

»Dann wäre ich vor vielen Millionen Jahren eine ganze Nacht hier im Baumhaus gefangen und du würdest schlafen!« Die Vorstellung machte ihr Angst, aber das wollte sie nicht zeigen. Sie sagte nur:

»Meine Tante würde auf mich warten. Das wäre furchtbar. Bist du sicher, dass du den Zeitraffer so steuern kannst, dass die Nächte immer übersprungen werden?«

Der Chloroplast sah in ihr erschrockenes Gesicht und beruhigte sie schnell:

»Ganz sicher, das habe ich dir doch gesagt, sonst hätte ich dich nicht mitgenommen.«

Sie beugte sich wieder hinaus und der Chloroplast erzählte weiter:

»Die Zelle und ich schwammen viel umher und eines Tages machten wir eine Entdeckung.«

»Welche?«

»Wir waren verwandt und mussten einen gemeinsamen Vorfahren haben.«

»Wie seid ihr denn darauf gekommen?«

»Als wir über unseren Stoffwechsel sprachen.«

Mara musste grinsen.

»Ihr hattet ja auch sehr viel Zeit, um über alles Mögliche zu sprechen. Ist denn euer Stoffwechsel so interessant?«

»Oh ja, wusstest du das denn nicht. Ich persönlich finde, es ist eines der interessantesten Themen überhaupt!«

»Nun ja, bei der Umgebung kann ich das schon verstehen. Weißt du, ich rede gerne über Kinofilme oder Jungs, manchmal auch über die Schule, aber das gibt es hier ja alles nicht. Da würde ich wohl auch über meinen Stoffwechsel reden.« Sie legte den Kopf etwas schräg. Der Chloroplast sah sie mit riesigen Augen an:

»Ich glaube, ich muss dir ein bisschen vom Stoffwechsel erzählen.«

Mara zog eine Augenbraue hoch, sagte aber nichts und der Chloroplast fuhr fort:

»Also ich bin nicht aus den Teilchen aufgebaut, die ich früher aus dem Wasser aufgenommen habe.«

»Zum Glück!«, sagte Mara und rümpfte die Nase bei der Erinnerung an den Gestank des Meeres, bevor der Chloroplast mit der Photosynthese angefangen hatte.

»Ich bin aber auch nicht aus dem Zucker, den ich bei der Photosynthese mache.«

»Das stimmt, obwohl du irgendwie süß bist!«

Der Chloroplast lächelte verlegen. Mara sah einen leichten roten Schimmer auf seinen grünen Backen und lächelte zurück, während er fortfuhr:

»Die Stoffe, die ich als Nahrung aufnehme, wechseln in mir ihre Form. Sie machen einen Stoffwechsel durch und so entstehe ich. Und nun kommt eine interessante Frage: Wie mache ich aus der Nahrung zum Beispiel meine Haut, meine äußere Hülle?«

Mara zuckte mit den Schultern.

»Ich habe spezielle Werkzeuge. Sie arbeiten wie Greifzangen und nehmen den Zucker auseinander. So ein Zucker besteht aus vielen einzelnen Bausteinen oder Atomen, die dann von meinen Werkzeugen wieder anders zusammengesetzt werden, so dass dabei zum Beispiel meine äußere Hülle entsteht.«

Mara war auf die Kante der Bank gerutscht und sah den Chloroplasten skeptisch an.

»Du hast Werkzeuge, Greifzangen? Das kann ich mir gar nicht vorstellen, du bist doch so klein!«

»Natürlich sind meine Werkzeuge mikroskopisch klein, aber sie funktionieren.«

»Und wie geht das?«

»Sie sind anders gebaut als die Greifzangen, die du kennst. Stell dir eine lange Kette aus Buchstaben vor.«

»Aus Buchstaben?«

»Ja, die Buchstaben beschreiben die Arbeitsgänge, die das jeweilige Werkzeug ausführen soll. Ich nenne dir mal einige zum Zuckerabbau. Da steht dann: genügend Zucker vorhanden, äußersten Zuckerbaustein umschließen – gut festhalten – loslösen vom großen Stück – fest umschließen – entfernen – weitergeben an das nächste Werkzeug. Und dann geht es von vorne los: nächsten Zuckerbaustein umschließen – gut festhalten und so weiter, bis der Zucker abgebaut ist. Für jeden Schritt in meinem Stoffwechsel brauche ich ein spezielles Werkzeug.«

»Okay, ich stelle mir eine Buchstabenkette vor!«

»Und jetzt verdrehst du diese Kette und windest sie um sich selbst, bis ein Knäuel entsteht. Nun schaffst du noch ein paar Querverbindungen zwischen einigen Buchstaben, also zwischen einigen Arbeitsgängen, so dass sich das Knäuel nicht mehr auflösen kann.«

Mara machte automatisch eine Drehbewegung mit ihren Händen, wobei sie sich aufeinander zu bewegten. Und als der Chloroplast fertig gesprochen hatte, betrachtete sie ihre ineinander verschlungenen Finger.

»Genauso sind meine Greifzangen gebaut«, sagte der Chloroplast stolz.

»Seltsame Greifzangen.«

»Sie haben auch einen seltsamen Namen, sie heißen Enzyme. Greifzangen habe ich nur gesagt, damit du dir vorstellen kannst, was sie tun. Der Zucker wird in den Knäueln festgehalten, verändert und an das nächste Knäuelwerkzeug weitergegeben.«

»Das heißt, mit diesen Knäueln, ich meine Enzymen, kannst du Bausteine auseinander nehmen und neu zusammensetzen?«

»Ja. Für jeden Schritt in meinem Stoffwechsel brauche ich ein spezielles Knäuel.«

Mara betrachtete ihre noch immer ineinander verschränkten Hände.

»Das ist ein eigenartiger Werkzeugkasten, mit lauter Knäueln drin. Wie viele verschiedene hast du denn eigentlich davon?«

»Insgesamt etwa tausend Enzyme.«

»Wahnsinn, haben die denn alle Platz in deinem Inneren?«

»Nein, ich benötige ja nicht alle zur gleichen Zeit. Sie werden nur zusammengebaut, wenn ich sie brauche. Den Zuckerabbau beispielsweise mache ich nur nach der Photosynthese. Außerdem habe ich noch Enzyme, die CO_2 einfangen, die wiederum brauche ich nur bei Licht. Und die Enzyme, die meine

Haut aufbauen, brauche ich nur, wenn ich wachse oder meine Haut nach einer Verletzung repariert werden muss.«

»Und woher bekommst du deine Enzyme, wenn du sie brauchst?«

»Ich baue sie zusammen.«

»Und du weißt immer, wie sie aussehen? Sie sind doch kompliziert gebaut, hast du gesagt.«

Der Chloroplast antwortete nicht sofort, sondern sah sich um, als könnte jemand sie belauschen. Dann flüsterte er:

»Ich kann mir wirklich nicht merken, wie sie aussehen.« Und auf Maras fragenden Blick hin sagte er geheimnisvoll:

»Aber ich besitze die Baupläne.«

Auch Mara blickte nun um sich. Sie waren alleine im Baumhaus über dem Meer, trotzdem flüsterte sie:

»Die Baupläne für die Enzyme? Wie sehen die denn aus?«

»Sie sind in Geheimschrift geschrieben!«

Mara bekam leuchtende Augen.

»Eine Geheimschrift? Zeigst du sie mir?«

Der Chloroplast nickte und fuhr verschwörerisch fort:

»Mit meiner Geheimschrift kann ich alle Buchstaben des Alphabets aufschreiben. Ich brauche dafür nur Perlen in vier verschiedenen Farben.«

»Wie machst du das? Das Alphabet hat doch …« Mara zählte die Buchstaben des Alphabets an ihren Fingern ab und sagte nach einer Weile: »26 Buchstaben, und du hast nur vier Farben.«

»Ich beschreibe einen Buchstaben nicht mit einer einzigen Perle, dann könnte ich nur vier unterscheiden.«

»Wie machst du es dann?« Mara fing an auf ihrer Unterlippe zu kauen, plötzlich blitzten ihre Augen auf und sie rief:

»Du nimmst zwei Perlen für einen Buchstaben, ich verstehe!«

»Wenn ich für jeden Buchstaben zwei Perlen nehme, wie viele Buchstaben kann ich dann beschreiben?«

»Bei vier verschiedenen Farben? Das kann man ausrechnen, nicht wahr?« Mara wollte sich vor dem Chloroplasten nicht blamieren und dachte angestrengt nach.

»Wie geht das noch mal? Also man kombiniert jede Farbe mit jeder anderen.«

Der Chloroplast half ihr.

»Du hast Rot, Blau, Gelb und Grün.«

»Okay, also ich kombiniere zuerst Rot: Rot-Rot, Rot-Blau, Rot-Gelb und Rot-Grün. Das sind vier Möglichkeiten. Das Gleiche mache ich nun mit Blau: Blau-Rot, Blau-Blau, Blau-Gelb und Blau-Grün, wieder vier Möglichkeiten, also haben wir schon acht.«

»Du bist noch nicht fertig!«, warf der Chloroplast ein, der sichtlich Spaß hatte an dieser Kombiniererei.

»Ich weiß, das Gleiche mache ich nun noch mit Gelb und Grün. Das ergibt noch zwei mal vier Möglichkeiten. Das macht insgesamt vier mal vier, also 16 Möglichkeiten, um die Buchstaben zu beschreiben, oder?«

»Genau, du bist gut! Man kann es ausrechnen, indem man die vier Farben als Basis und die zwei Perlen als Potenz einsetzt. Anschließend rechnet man vier hoch zwei und bekommt 16.«

Mara sah ihn verblüfft an. Dafür waren die Potenzen also gut. In der Schule hatte sie das nie verstanden. So kam man ganz schnell auf die 16 Möglichkeiten.

»Aber das reicht nicht aus, wenn du 26 Buchstaben beschreiben willst.«

»Stimmt! Ich nehme auch nicht nur zwei Perlen pro Buchstabe, sondern …?« Er sah sie gespannt an.

Mara dachte nach, dann sagte sie:

»Du nimmst drei Perlen pro Buchstabe!«

Seine Augen strahlten begeistert. In Maras Kopf hingegen schwirrten nun viele Perlen durcheinander. Sie wollte dem Chloroplasten aber beweisen, wie gut sie rechnen konnte. Also atmete sie noch einmal tief durch und sagte langsam:

»Das kann man auch ganz leicht ausrechnen. Die vier Farben sind wieder die Basis ...«, sie sah ihn prüfend an, »und die drei Perlen sind die Potenz. Also sind das vier hoch drei Möglichkeiten. Also vier mal vier ist 16 mal vier ist 64! Mit drei Perlen kannst du 64 Buchstaben beschreiben«, sagte sie erleichtert.

»Genau! So viele benötige ich aber gar nicht. Trotzdem benutze ich alle Kombinationen. Es gibt deshalb für jeden Buchstaben zwei und für manche sogar drei verschiedene Perlenkombinationen.«

»Das klingt kompliziert«, seufzte Mara.

»Es ist eine Sache der Gewohnheit. Ich gebe dir die Kombinationen, sobald wir zurück sind, dann kannst du sie dir aufschreiben.«

»Oh ja! Und dann kann ich etwas auf einer Perlenkette schreiben, zum Beispiel deinen oder meinen Namen.« Sie zwirbelte eine unsichtbare Schnur mit den Fingern auf.

»Mit Perlen in vier verschiedenen Farben und einer Schnur kannst du loslegen.«

»Hat deine Geheimsprache auch einen Namen?«, fragte Mara.

»Ja, sie heißt Genetischer Code«, entgegnete der Chloroplast stolz.

»Cooler Name! Hoffentlich hat meine Tante Perlen!« Mara konnte kaum noch still sitzen.

»Ich würde diese Geheimschrift jetzt gerne sofort ausprobieren, aber dafür müssten wir zurück«, sagte Mara.

Der Chloroplast lächelte sie an und schlug vor, zurückzufliegen und die Zeitreise am nächsten Tag fortzusetzen. Mara war einverstanden. Schon spürte sie den kühlen Nebel und ihr wurde schwindlig. Als der Nebel sich gelichtet hatte, war das Baumhaus wieder fest verankert in der alten Eiche.

»Ich bin gleich zurück! Warte auf mich!«, rief sie, kletterte schnell die Leiter hinunter und rannte durch den Garten ins Haus.

»Du hast es aber eilig!«, rief ihre Tante aus der Küche.

Mara blieb wie angewurzelt stehen und stotterte:

»Ich brauche Stifte, äh, Buntstifte, Ich muss etwas malen!«

»Hast du einen interessanten Vogel entdeckt? Es gibt hier ein paar seltene Arten.«

»Das ist mir auch schon aufgefallen. Ich weiß aber nicht, wie sie heißen.«

»Ich habe ein Buch über Vögel. Ich zeig es dir, warte!«

»Jetzt hab ich keine Zeit ... weil der Vogel sonst wegfliegt«, stotterte Mara und ärgerte sich, dass ihre keine bessere Ausrede eingefallen war.

Aber Thea sagte nur:

»Geh schon! Wir können das Buch später anschauen«, und sah ihrer Nichte kopfschüttelnd hinterher.

Mara stieg mit Block und Stiften ins Baumhaus hinauf. Als sie mit dem Block auf den Knien auf der kleinen Bank saß, sagte sie:

»Ich bin so weit, leg los!«

»Für den Buchstaben

A: o o o oder o o o oder o o o

B: o o o, o o o, o o o

C: o o o, o o o, o o o

D: o o o, o o o, o o o

E: o o o, o o o, o o o

F: o o o, o o o, o o o

G: o o o, o o o, o o o

H: o o o, o o o, o o o

I: o o o, o o o, o o o

J: o o o, o o o, o o o

K: o o o, o o o, o o o

L: o o o, o o o, o o o

M: o o o, o o o, o o o

N: o o o, o o o, o o o

O: o o o, o o o

P: o o o, o o o
Q: o o o, o o o
R: o o o, o o o
S: o o o, o o o
T: o o o, o o o
U: o o o, o o o
V: o o o, o o o
W: o o o, o o o
X: o o o
Y: o o o
Z: o o o, o o o«

»Fertig!«, stöhnte Mara. Als sie alle Kombinationen aufgeschrieben hatte, legte sie die Stifte beiseite und betrachtete das Blatt.

»Jetzt brauche ich nur noch Perlen in vier Farben und eine Schnur, um sie aufzufädeln. Ich werde meine Tante fragen.« Sie blickte auf den Chloroplasten, der langsam in seinem Blatt verschwand.

»Hat die Perlenkette eigentlich einen Namen?«, konnte sie ihn gerade noch fragen.

»Sie heißt DNA.«

»Die DNA? Von der habe ich schon gehört.«

Der Chloroplast war fast nicht mehr zu sehen. Mara rief ihm noch hinterher:

»Kommst du morgen?«

Sein leichtes Nicken nahm sie als Zusage.

Mara steckte das Papier mit der Geheimschrift ein, kletterte die Leiter hinunter und ging zur Terrasse. Aus dem Haus hörte sie Klaviermusik. Einer von Theas Schülern spielte. Mara setzte sich auf die Hollywoodschaukel und betrachtete die Perlenkombinationen für die Buchstaben. Sie suchte die Buchstaben für die Worte ›Kohlendioxid einfangen‹, eine der wichtigsten Kombinationen für den Chloroplasten. Mit geschlossenen Augen stellte sie sich die Perlenkette vor. Durchs offene Fenster hörte sie Thea ein einfaches Stück spielen. Mara schien es, als würden die Noten der kleinen Melodie wie auf einer Kette aufgereiht in den Himmel fliegen. Sie öffnete die Augen und blickte dem schlängelnden Band nach.

Nun spielte der Schüler das gleiche Stück. Er machte Fehler und die Melodie blieb auf den Tasten kleben. Sie konnte nicht fliegen – nicht leben, schoss es Mara durch den Kopf.

Was passierte eigentlich, wenn in den Perlenketten des Chloroplasten ein Fehler auftauchte? Konnte er dann leben? Mara schaukelte heftiger und das Bild der falsch gespielten Notenkette vermischte sich mit dem Bild der Perlenkette, auf der ›Kohlendioxid einfangen‹ stand. Dann könnte der Chloroplast keine Photosynthese mehr machen. Sie schüttelte den Kopf.

»Der Schüler ist gerade gegangen.«

Mara fuhr aus ihren Gedanken auf. Thea setzt sich neben sie auf die Schaukel und gab ihr Schwung.

Zum Glück!, hätte Mara beinahe gesagt.

Thea sah neugierig auf das Blatt in Maras Händen. Geduldig erklärte Mara ihr nun die Geheimschrift. Ihre Tante war begeistert. Sie fragte gar nicht, woher Mara die Geheimschrift hatte, sondern holte eine Kiste mit bunten Perlen und einer dünnen Gummischnur. Auf dem Küchentisch sortierten sie die roten, grünen, blauen und gelben Perlen heraus und begannen jede für sich eine Kette aufzufädeln, auf der ›MARA UND THEA‹ stand.

Als sie ihre Ketten verglichen, stellten sie fest, dass sie nicht die gleichen Farbkombinationen benutzt hatten. Die Ketten sahen vollkommen verschieden aus, bedeuteten aber das Gleiche.

»Jetzt muss ich nur noch die Enden zusammenknoten, dann habe ich ein Armband ... Oje, jetzt ist die erste Perle heruntergefallen!« Mara betrachtete die restliche Kette und versuchte sie zu lesen:

»Schau mal, Thea, jetzt fehlt nur eine Perle am Anfang und die ganze Kette ist unsinnig geworden. Da steht jetzt … ich kann es gar nicht mehr lesen!«

»Das ist Buchstabensalat«, sagte Thea, nachdem sie Maras Kette genommen und die ersten drei Buchstabenkombinationen anhand der Geheimschrifttabelle entziffert hatte.

Mara sah sie verblüfft an.

»Genau! Da muss man aber gut aufpassen.«

»Deine Geheimschrift ist wirklich eigenartig. Mir ist aufgefallen, dass es oft gar nichts ausmacht, wenn die dritte Perle vertauscht wird. Für das E zum Beispiel kann ich Rot, Grün oder Blau als dritte Perle nehmen und es bleibt immer ein E. Aber wenn irgendwo eine Perle fehlt, ergibt das nur Buchstabensalat.«

»Das ist so, weil man mit drei Perlen 64 Kombinationsmöglichkeiten hat. Würde man nur zwei Perlen nehmen, hätte man nur 16 Möglichkeiten und könnte das Alphabet mit seinen 26 Buchstaben gar nicht schreiben. Man benötigt also drei Perlen. Und so kommt es, dass jeder Buchstabe zwei oder drei Farbkombinationen erhält, die sich manchmal nur in der dritten Perle unterscheiden, und die kann dann schon mal vertauscht werden.«

Thea sah sie an und überlegte laut:

»Es gibt also Fehler in dieser Geheimschrift, die sich gar nicht bemerkbar machen beim Lesen.« Sie kramte in der Kiste, bis sie schließlich eine Kette hervorzog, die schon lange darin gelegen haben musste.

»Wollen wir mal versuchen, diese Perlenkette zu lesen, vielleicht bedeutet sie auch etwas?«, schlug sie vor.

»Ja, zu zweit schaffen wir das bestimmt!«, antwortete Mara begeistert.

Sie suchten für jede Farbkombination, die aufgefädelt war, den Buchstaben in der Geheimschrift, aber es ergab sich kein vernünftiges Wort, sondern nur Buchstabensalat.

»Kannst du dir vorstellen, dass man irgendwelche Perlen auffädelt und es ergibt ein vernünftiges Wort?«, fragte Mara.

»Nein, bestimmt nicht!«, entgegnete Thea.

»Das ist auch nicht der Sinn einer Schrift, schließlich weiß man ja, was man schreiben will«, überlegte Mara.

Sie fädelten noch einige Perlen zu Wörtern auf und gaben sie sich gegenseitig zum Lesen. Dabei vergaßen sie vollkommen die Zeit. Erst am späten Nachmittag gingen sie zum Baden.

Am Abend nahm Mara die Perlenkiste mit in ihr Zimmer und fädelte noch ›CHLOROPLAST‹ auf ihre Kette. Dann ging sie ins Bett.

Am nächsten Morgen wurde sie von einem Rascheln geweckt. Sie lugte vorsichtig aus ihrem Bett. Lido angelte mit seiner Pfote Perlen aus der Kiste und verteilte diese im ganzen Zimmer.

»Lido, lass das!«, schimpfte Mara, aber der Kater reagierte nicht.

Sie stand auf, nahm ihn auf den Arm und ließ die Perlenkette, die sie aufgefädelt hatte, vor seinen Augen baumeln. Lido versuchte sie mit der Pfote zu fassen.

»Diese Geheimschrift heißt genetischer Code, und hier«, sie deutete auf einen Abschnitt der Kette, »steht ›LIDO‹, siehst du das?«

Der Kater machte große Augen, als sie sich die Kette um den Hals legte und hinunterging, um zu frühstücken.

»Morgen, Thea!«

»Guten Morgen Mara, hast du gut geschlafen? Ich habe frische Semmeln zum Frühstück. Setz dich.« Thea legte ihre Zeitung auf den Tisch.

»Lido hat fast alle Perlen im Zimmer verteilt.« Mara kraulte den Kater, der ihr gefolgt war.

»Das kann ich mir gut vorstellen, er ist immer noch sehr verspielt, aber man kann ihm nicht böse sein, wenn er anfängt zu schnurren.«

»Das stimmt, ich räume nachher auf.«

»Heute ist das Wetter nicht so schön. Wenn du Lust hast, gehen wir nachmittags ins Kino. Heute Vormittag muss ich auf dem Markt einkaufen. Willst du mit?«

»Nicht unbedingt, aber ins Kino gehe ich gerne«, erwiderte Mara.

»Auf dem Wochenmarkt ist auch nicht viel los, einkaufen und ein Tratsch unter Nachbarn. Du würdest dich nur langweilen … aber langweilst du dich hier nicht?«, fragte die Tante besorgt.

»Nein, ich setze mich ein bisschen ins Baumhaus.«

»Das alte Baumhaus hat es dir wirklich angetan. Was machst du da eigentlich die ganze Zeit?«

»Nichts, äh, ich lese und hänge so meinen Gedanken nach.« Mara blickte auf ihren Teller und wurde rot.

»Das habe ich in deinem Alter auch oft gemacht – und mache es noch heute«, sagte Thea.

Maras Mutter hätte sich mit ihrer Antwort nicht zufrieden gegeben. Sie hätte sie ausgefragt und ihr erklärt, man müsse etwas Vernünftiges mit seiner Zeit anfangen, für die Schule lernen zum Beispiel. Thea war anders als ihre Mutter, obwohl sie Schwestern waren.

»Ich geh dann los. Gegen Mittag bin ich zurück«, sagte Thea und nahm den Einkaufskorb.

»Bis nachher!«, rief Mara. Sie aß schnell ihre Semmel auf und ging zum Baumhaus. Mit klopfendem Herzen stieg sie die Leiter hinauf und setzte sich auf die Bank. Was würde der Chloroplast wohl zu ihrer Kette sagen? Wahrscheinlich hielt er sie für albern.

»Hallo Mara! Wollen wir los?«, begrüßte er sie freudig, wobei sein Blick auf ihren Hals fiel. Er lächelte sie an.

»Gerne«, sagte sie und spürte sogleich das Schwindelgefühl.

3. Reise

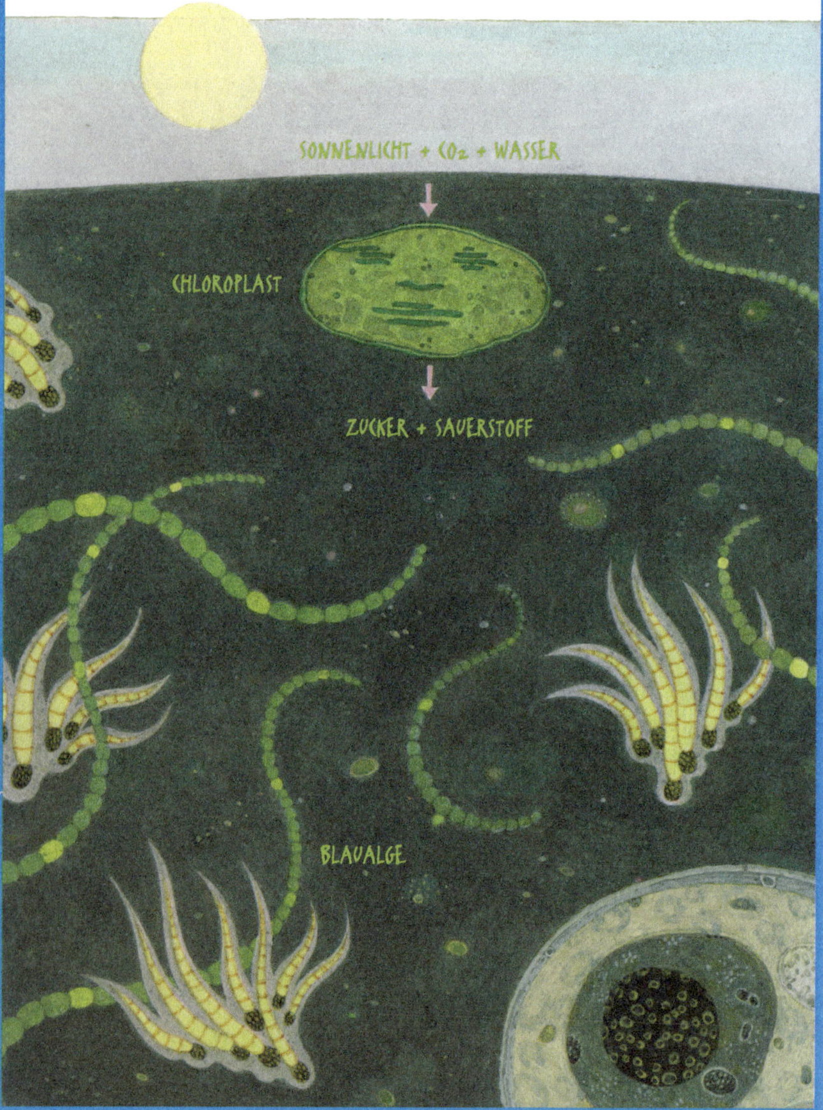
SONNENLICHT + CO_2 + WASSER
CHLOROPLAST
ZUCKER + SAUERSTOFF
BLAUALGE

Dichter Nebel umgab sie. Nach einem Ruck lichtete er sich und Mara konnte unter dem Baumhaus das weite Meer sehen, in dem der Chloroplast und die Zelle schwammen.

»›Mara-Chloroplast-Lido‹, das ist der Kater, nicht wahr?«, fragte der Chloroplast, der immer noch auf ihre Kette sah.

»Gefällt sie dir?«, fragte Mara.

»Sie gefällt mir sehr gut.«, schmunzelte der Chloroplast und Mara erzählte aufgeregt:

»Es war gar nicht so einfach. Das Schreiben ist dabei das geringste Problem. Lesen ist schon schwieriger, aber wenn man eine Kette irgendwie auffädelt, ist es unmöglich, sie zu lesen. Es ergibt nur Buchstabensalat.« Sie sah ihn stirnrunzelnd an.

»Sag mal, wer hat eigentlich deine Ketten geschrieben?«, fragte sie.

»Der Zufall. Meine Ketten sind zufällig entstanden!«

»Aber auf zufällig entstandenen Perlenketten kann doch eigentlich nur Buchstabensalat stehen, oder?«

»Das kommt darauf an, wie lange man Zeit hat zum Ausprobieren«, entgegnete der Chloroplast.

Mara starrte ihn an, bis sie nach einer Weile sagte:

»Und wenn man viele Millionen Jahre Zeit hat …?«

Der Chloroplast nickte und begann zu erzählen:

»Vor etwa vier Milliarden Jahren entstanden in diesem Meer da unten kleine Stücke einer Perlenkette. Mehrere dieser Stücke haben sich zusammengeschlossen und um sich herum eine Haut gebildet, die sie von der Umgebung abgrenzte.

Das waren die ersten Lebewesen. Sie nahmen Nahrung aus der Umgebung auf und wandelten sie in körpereigene Stoffe um. Aber sie konnten noch etwas: Sie konnten sich verdoppeln. Die Perlenkette liegt in den Lebewesen nicht so einfach vor, wie du sie um den Hals trägst, sondern als doppelte Kette, wobei immer eine grüne Perle an einer roten liegt und eine blaue Perle an einer gelben. Wenn nun die Einzeller genug zu fressen haben, sind viele neue Perlen vorrätig. Dann spaltet sich der Doppelstrang der Perlenkette auf wie ein Reißverschluss und an jede grüne Perle legt sich eine rote, an jede rote Perle eine grüne und an jede blaue eine gelbe und immer so weiter.«

Mara hatte ihre Kette abgenommen und begleitete die Worte des Chloroplasten mit den Fingern auf den Perlen.

»Dann entsteht eine zweite Doppelperlenkette, die genauso aussieht wie die ursprüngliche«, schloss Mara aus der Erklärung des Chloroplasten, »und so können zwei Lebewesen mit der gleichen Perlenkette und dem gleichen Bauplan für ihre Enzyme existieren.«

»Und das eine Lebewesen ist aus dem anderen entstanden«, beendete er ihren Satz. »So vermehren sich die Lebewesen. Sie geben den Bauplan für ihre Enzyme, die DNA, weiter. Die Perlenkette ist das einzige Molekül auf der Welt, das sich aus sich selbst heraus verdoppeln kann. Deshalb wurden Perlenketten mit sinnvollen Kombinationen immer weitervererbt. Nachdem es also einmal eine sinnvolle Perlenkette gab, ging sie nicht wieder verloren.«

»So ist aus dir damals der zweite Chloroplast entstanden, der genauso war wie du. Deine Perlenkette hat sich verdoppelt und du hast dich geteilt!«

»Genauso funktioniert das. Ein neues Lebewesen bekommt nur die Baupläne für seine Enzyme.«

Mara überlegte lange, bevor sie sagte:

»Wenn das so ist, dann müssten doch alle Lebewesen gleich

sein. Aber du, die Blaualgen und die Zelle, ihr seid doch verschieden, wie kommt das?«

»Das kommt von den Fehlern, die beim Kopieren der Perlenkette immer wieder passieren. Das System ist zwar sehr sicher, aber nicht völlig fehlerfrei. Dadurch ändert sich die Information auf der Kette immer wieder einmal. Manchmal wird eine Perle beim Abschreiben übersehen. Es kann auch mal eine Perle zuviel eingebaut werden. Die Ketten werden auch verändert, wenn die giftigen Pfeile der Sonne hineinschießen.«

»Dadurch gibt es dann unterschiedliche Lebewesen?«, fragte Mara.

»Ja, so entstehen neue Lebewesen, wenn alles gut geht«, fuhr der Chloroplast fort, »aber neue Kombinationen auf der Perlenkette können tödlich sein, wenn Buchstabensalat herauskommt.«

»Und das kann leicht passieren!« Davon war Mara nun überzeugt.

In der Veränderung der DNA stecken also immer eine Chance und ein Risiko. Wenn ein wichtiges Wort zum Beispiel für den Zuckerabbau verändert wurde, war das tödlich, aber wenn ein neues Enzym für grüne Farbe entstand, war es ein Vorteil, der Leben retten konnte. Ohne diese Veränderung hätte es den Chloroplasten nie gegeben. Schweigend sahen sie nach draußen.

»Wie seid ihr eigentlich darauf gekommen, dass ihr einen gemeinsamen Vorfahren habt, du und die Zelle?«, fragte Mara nach einer Weile.

»Wir besitzen den gleichen genetischen Code, unsere Enzyme werden mit der gleichen Geheimschrift codiert. Das heißt, wir müssen dieselbe Abstammung haben, denn es ist unmöglich, dass sich so eine komplizierte Schrift durch Zufall zweimal entwickelt. Wir sind natürlich verschieden. Sie hat ein Ruder und ich meine Photosynthese, aber wir besitzen viele gleiche Enzyme. Unser gemeinsamer Vorfahre muss schon vor langer Zeit existiert haben, denn einige unserer Enzyme sind unterschiedlich, und deshalb sehen wir verschieden aus. Auf unserer Reise wirst du noch viele Lebewesen kennen lernen, die aufgrund der unterschiedlichen Entwicklung ihrer Perlenketten verschieden sind.«

Mara rutschte unruhig auf der Bank hin und her, dann sagte sie leise:

»Ich denke gerade über meinen Stoffwechsel nach. Also ich bestehe nicht aus den Dingen, die ich esse.«

Der Chloroplast grinste.

»Dann wärst du aus Vollkornbrot und Gemüse«, sagte er.

»Wohl eher aus Kuchen und Schokolade, aber ...«, sie zögerte und fuhr dann fort, »die Stoffe, die ich aufnehme, werden umgewandelt. Kannst du mir sagen wie?«

»Du weißt es bereits selbst.«

»Durch Enzyme?«, fragte Mara und der Chloroplast nickte.

»Meinst du damit ...?« Sie zeigte mit dem Finger abwechselnd auf den Chloroplasten und sich selbst. Als der Chloroplast nickte, flüsterte sie:

»Du meinst damit, dass wir verwandt sind, oder?«

Der Chloroplast nickte wieder. Mara legte den Kopf schräg, fast wäre sie ein wenig zurückgewichen.

»Ich habe Enzyme und ich habe eine Perlenkette, eine DNA, auf der die Enzyme codiert sind. Mein genetischer Code ist der gleiche wie deiner. Wir sind verwandt!«

Der Chloroplast nickte.

»Aber wir sind so verschieden!« Mara sah an sich hinunter und dann zu ihm.

Sie betrachtete ihre Hände und strich sich mit ihnen übers Gesicht, so als wollte sie es abtasten.

»Und wo sind die Perlenketten?«, rätselte sie.

»In deinen Zellen, du bestehst aus ganz vielen Zellen – aus Milliarden von Zellen, und jede davon besitzt einen Zellkern mit Bauplan.«

Mara hielt sich ihre Hände ganz nah vor die Augen.

»Ich sehe nur meine Haut, wie bei dir. Puh, das ist eine Neuigkeit.« Sie verzog das Gesicht, als wäre sie unsicher, ob der Chloroplast sich einen Scherz mit ihr erlaubt hatte, und sagte in leicht ironischem Ton:

»Du hast wirklich überall Verwandte.«

»Überall! So ist es«, bestätigte der Chloroplast ernst.

Mara lehnte sich zurück, in ihrem Kopf schwirrten die Worte des Chloroplasten. Sie bemühte sich vergeblich, sie zu ordnen. Als hätte der Chloroplast ihre Gedanken erraten, beruhigte er sie:

»An manches muss man sich erst gewöhnen, bevor man es richtig begreifen kann. Lass dir Zeit. Ich erzähle dir meine Geschichte weiter, dann wirst du vieles leichter verstehen.

Es war ein langer Weg von meiner Perlenkette zu deiner. Es dauerte 3650 Millionen Jahre, bis deine Kombination entstanden ist. Auf unserer Zeitreise zeige ich dir, welche Kombinationen nach und nach hinzugekommen sind und welche Lebewesen daraus wurden, die einstmals auf dieser Erde gelebt haben.«

Mara brachte kein Wort heraus, sie sah immer wieder an sich hinunter und dann starrte sie den Chloroplasten an.

»Das ist wirklich gewöhnungsbedürftig! Wir sind miteinander verwandt!« Sie war ganz blass geworden.

Als wieder ein wenig Farbe in ihr Gesicht zurückgekehrt war, fragte der Chloroplast:

»Wollen wir uns anschauen, wie es weiterging?«

Mara nickte.

Unter ihnen im Meer trieben der Chloroplast und die Zelle dahin.

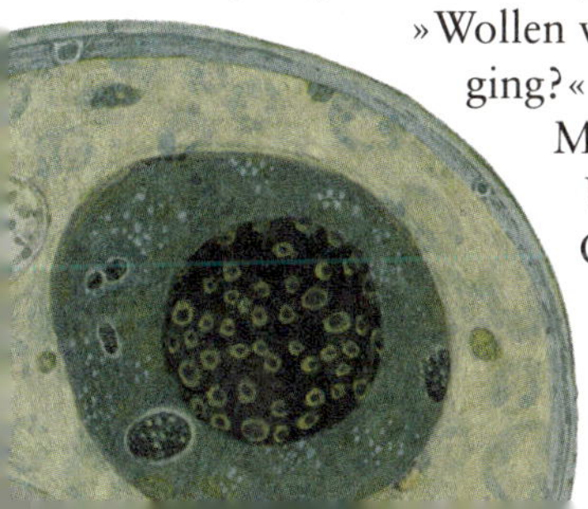

Etwas hatte sich aber verändert. Die Zelle war kleiner geworden, oder besser gesagt, sie sah eingebeult aus, krank. Ihr Ruder, das sonst immer in Bewegung gewesen war, rührte sich nicht. Sie ließ sich treiben, ihr Blick war trüb.

»Was ist mit ihr?«, fragte Mara erschrocken.

»Sie hat nichts mehr zu essen gefunden. Es ging ihr schlecht und ich schämte mich fast, dank meiner Photosynthese so gut genährt zu sein. Ich blieb ganz nah bei ihr und fragte, was ich für sie tun könnte. Ich hätte alles für sie getan, wenn sie nur nicht sterben würde. Sie sah mich mit ihren müden Augen an, die allen Glanz verloren hatten, und sagte ganz schwach, dass es eine Möglichkeit gäbe, ihr zu helfen, aber es wäre nicht einfach. Und dann erzählte sie mir eine Geschichte:

Vor langer Zeit war einmal eine Zelle von einem Freund kurz vor dem Hungertod gerettet worden. Dieser Freund war, ebenso wie ich, ein kleiner Einzeller, das Mitochondrium. Es war in der Lage, die Nahrungsmoleküle, die damals schon knapp geworden waren, wesentlich besser auszunutzen als die Zelle. Es konnte atmen.«

»Ich erinnere mich«, unterbrach ihn Mara. »Die Zelle sagte doch, sie könne atmen.«

»Dieses Mitochondrium war sehr besorgt gewesen um die Zelle und wollte alles tun, um ihr zu helfen, und gemeinsam kamen sie auf eine Idee. Wenn das Mitochondrium im Innern der Zelle leben würde, könnte es dort die Nahrungsmoleküle besser verwerten und die Energie, die es selbst nicht brauchte, abgeben. Die Zelle würde möglichst viele Nahrungsmoleküle aufnehmen und sie würden beide besser leben. Das Mitochondrium war rasch einverstanden, denn es war klein, verletzlich und hatte kein Ruder.«

»Wie du«, bemerkte Mara.

»Auf die Frage hin, in der großen Zelle geschützt zu leben und versorgt zu werden oder die beste

Freundin zu verlieren, entschied sich das Mitochondrium für ein Leben in der Zelle. Es wurde von der Zelle verschlungen und lebt seither in ihr. Wenn sich die Zelle teilte, verdoppelte sich auch das Mitochondrium, und jede neue Zelle erhielt eines. Auf diese Weise hatte auch meine Zelle ein Mitochondrium.«

Mara starrte den Chloroplasten an.

»Es wurde verschlungen? Unglaublich!«, flüsterte sie.

»Das fand ich auch. Es verschlug mir die Sprache. Erst langsam begriff ich und fragte die Zelle vorsichtig, ob sie mich auch verschlingen wolle. Sie sah mich nur mit ihren großen, traurigen Augen an. Viel Zeit blieb nicht mehr, um ihr zu helfen.

Der Gedanke, in ihrem Innern zu leben, darin Photosynthese zu machen und ihr einen Teil meines Zuckers zu geben, war ungeheuerlich. Andererseits ... Ich begann zu überlegen: Ihr Ruder wäre dann auch meines, ihre Kraft wäre dann auch meine. Die Gedanken überschlugen sich. Es klang so einfach, so logisch. Es ging ihr furchtbar schlecht, aber zusammen könnten wir überleben. Was würde mit meiner grünen Farbe passieren, auf die ich so stolz war? Würde sie durchscheinen oder wäre sie ganz und gar verschwunden? Die Zelle konnte mir darauf keine Antwort geben, weil das Mitochondrium farblos war. Wenn meine grüne Farbe nicht mehr sichtbar wäre, würde ich nicht in ihr bleiben wollen. Sie sah mich nur an und ich wusste, diesen Weg zurück gab es nicht.

Ich schaute mich noch einmal um. Obwohl ich große Angst hatte, war ich fest entschlossen, von nun an in der Zelle zu leben. Sie war sehr erschöpft, doch als wir uns ansahen, schimmerte Hoffnung in ihren Augen, die mich alle Angst vergessen ließ.«

Mara lehnte sich weit über die Brüstung und rief:

»Du tust es! Wahnsinn!«

»Ich schwamm auf sie zu und drückte mich von außen an sie heran. Sie machte für mich eine Vertiefung in ihrer Haut. Es war eng. Ich stemmte mich mit aller Kraft nach vorne und spürte, wie ich von ihr umgeben wurde. Es wurde enger und enger, trotzdem zwängte ich mich weiter. Über die Hälfte von mir war schon in die Zelle hineingedrückt, als meine Kraft nachließ. Ich musste eine Pause machen, halb drin, halb draußen, doch nach einer Weile ging es langsam wieder ein Stückchen voran. Als ich dachte, die Kräfte würden mich gänzlich verlassen, stülpte sich die Haut der Zelle über mich. Sie umgab mich wie eine zweite Haut und ein Sog zog mich in ihr Inneres.

Plötzlich fühlte ich mich ganz leicht. Ich schwamm in einer warmen Flüssigkeit und die durchsichtige Haut der Zelle umgab mich wie eine Schutzhülle. Es war ein gutes Gefühl. Ich öffnete die Augen. Das Licht war gedämpft, ›zu schwach für die Photosynthese‹, schoss es durch meine Gedanken. Ich machte mir aber keine Sorgen. Ich fühlte mich sehr wohl.«

Maras Blick war gebannt von der Szene, die sich da unten abspielte.

»Die Zelle wird grün, sieh doch nur, sie strahlt in deiner Farbe. Das war dir doch so wichtig. Es hat also geklappt. Erzähl weiter!«, bat Mara den Chloroplasten aufgeregt.

»›Ich bin drin!‹, rief ich ganz laut, denn ich wusste nicht, ob die Zelle mich hören konnte. Sie bat mich aber, leiser zu sprechen, weil sie mich sehr gut hören konnte. Ich war froh, mit ihr reden zu können. Mit wem hätte ich mich sonst unterhalten sollen? Das Mitochondrium hatte ich in der Aufregung ganz vergessen, bis es auf mich zugeschwommen kam. Es war etwa so groß wie ich und ebenso von einer zweiten durchsichtigen Haut, wie sie die Zelle hatte, umgeben. Es sah mich mit großen Augen an. Nach einer Weile lächelte es und begrüßte mich. Schon bald darauf fragte es leise, ob ich wirklich Zucker machen könne aus Licht, CO_2

und Wasser. Ich bestätigte es, gab aber zu, dass ich Bedenken hatte wegen des Lichts. Da riet es mir, mich ganz nah an die Außenwand der Zelle zu legen. Ich orientierte mich an der Sonne, legte mich genau in die Richtung, aus der ihre Strahlen kamen, und produzierte Zucker. Einen Teil gab ich dem Mitochondrium. Es kostete vorsichtig, schloss die Augen und schmatzte leise. Es war ein Spezialist für Nahrungsmoleküle, daher erwartete ich gespannt seine Meinung. Es fing an zu schwärmen, noch nie etwas so Gutes und Gehaltvolles gegessen zu haben. Es konnte gar nicht glauben, dass ich jederzeit, wenn die Sonne schien, in der Lage war, Zucker zu machen. Zu lange hatte es mit der Zelle gehungert und wohl schon manches Mal alle Hoffnung aufgegeben. Ich produzierte Zucker, bis das Mitochondrium zum Platzen satt war. Dann wurde es übermütig. Mit seinem dicken Bauch drehte es sich im Kreis und sang: ›Wir haben Energie, wir sind so energiereich wie noch nie!‹ Und ich drehte mich vor Freude mit, bis auch die Zelle anfing, sich zu drehen. Nun kamen wir richtig in Schwung. Wir jubelten, bis wir nicht mehr konnten. Langsam beruhigten wir uns wieder und die Zelle schwamm an eine ruhige Stelle mitten im Meer. Die leichte Strömung wiegte uns sanft, die Sonne schien und ich wusste nun, ich hatte das Richtige getan.«

Mara hatte lächelnd zugehört.

»Ich hätte nie gedacht, dass es so etwas gibt«, sagte sie.

»Gibt es auch nicht oft. Es ist eine echte Symbiose.«

»Eine Symbiose, was ist das?«

»Wenn zwei verschiedene Lebewesen sich eng zusammenschließen, um zu überleben, wie bei der Zelle und mir. Dafür muss jeder etwas geben, das für den anderen lebensnotwendig ist. Ich habe der Zelle Zucker gegeben, dafür gab sie mir ihren Schutz und ihre Beweglichkeit. Jeder gibt und nimmt zum Vorteil von beiden. Es muss ausgeglichen sein, das ist das Wichtigste.«

Mara sah, wie sich die grüne Zelle im Meer drehte, sie war größer geworden, ihr Ruder schlug lebhaft umher. Und obwohl sie wusste, dass es dem Chloroplasten in der Zelle gut ging, vermisste sie ihn im Wasser.

»In der Zelle war einiges neu für mich. An das Licht hatte ich mich bald gewöhnt und das leichte Schaukeln der Zelle gab mir das Gefühl, geborgen zu sein. Da zeigte mir das Mitochondrium etwas Geheimnisvolles.«

»Was denn?«, fragte Mara, die Geheimnisse liebte.

»Den Zellkern! Das ist eine kleine Kugel im Innern der Zelle, worin die Perlenketten wie in einem Tresor aufbewahrt werden. Das Mitochondrium schwärmte von dem Zellkern. Er würde die Zelle immer mit den richtigen Enzymen in der richtigen Menge versorgen. Er musste sehr gut organisiert sein. Ich stellte mir das Innere des Zellkerns vor: Perlenketten in exakten Reihen übereinander angeordnet, die einen sofortigen Zugriff auf die benötigten Abschnitte der Perlenkette zuließen. Eines Tages fragte mich die Zelle, ob ich meine Perlenketten im Zellkern lagern wolle. Das Mitochondrium nutzte den Zellkern schon lange. Bereits das erste Mitochondrium, das aufgenommen worden war, hatte seine Perlenketten in den Zellkern gegeben. Das war natürlich von großem Vorteil. Das Mitochondrium bestätigte mir nochmals, dass es immer mit allen notwendigen Enzymen versorgt war. Ich stimmte schließlich zu.«

»War es schwierig, deine Perlenkette in den Zellkern zu bringen?«, fragte Mara.

»Eines Tages teilte mir die Zelle mit, der Zellkern wäre nun bereit, meine Kette aufzunehmen. Sie hatte einen feierlichen Ton angeschlagen und mir wurde ganz mulmig. Ich wartete vor dem Zellkern. Er war geheimnisvoll. Ich rechnete mit etwas Besonderem, vielleicht einem Lichtstrahl oder einem raffinierten Sicherheitssystem. Nach einer Wartezeit, die mir sehr lang vorkam, öffnete sich der Zellkern an einer kleinen

Stelle und ich blickte hinein. Das hätte ich nicht tun sollen, denn sofort schwand mein Vertrauen in diesen Zellkern. Darin war ein unglaubliches Durcheinander. Erst nach einer Weile erkannte ich ineinander geknäulte Perlenketten. Die Perlen lagen so dicht, dass keine Reihenfolge erkennbar war. Nicht genug damit, dazwischen lagen dicke unförmige Klumpen, die den Inhalt zusammenquetschten. Aus der kleinen Öffnung quollen sofort Perlenketten heraus und begannen sich auseinanderzuwickeln. Das sah sehr kompliziert aus und ich rechnete damit, dass die Ketten an einigen Stellen reißen würden.

Mir kamen Zweifel, ob ich meine wertvolle Perlenkette wirklich diesem Chaos überlassen sollte, und ich fing an, mit der Zelle darüber zu diskutieren. Sie bestätigte mir noch einmal, der Zellkern wäre der sicherste Ort für meine Informationen und absolut zuverlässig. Also gab ich meine kleine Perlenkette in den Zellkern. Mir war so seltsam dabei zumute. Ich hätte schreien mögen, betrachtete aber nur wortlos diesen eigenartigen Vorgang. Eine der herausquellenden Ketten und meine öffneten sich. Die Enden wollten sich gerade miteinander verbinden, als ich plötzlich – ich weiß nicht, was in mich gefahren war – ein Stück meiner Kette an mich riss und so schnell wie möglich in meinem Innern verstaute. Niemand hatte etwas bemerkt. Ich zitterte vor Aufregung, versuchte aber ruhig zu wirken. Nun verbanden sich die Enden miteinander. Die Kette verdrehte sich mehrmals und es war nicht mehr zu unterscheiden, welche Teile von meiner Kette stammten. Dann quetschte sich das Knäuel in den Zellkern zwischen die unförmigen Klumpen. Zu meinem größten Erstaunen passte alles hinein. Die Hülle des Zellkerns schloss sich. Ich blieb noch einige Zeit fassungslos vor dem Zellkern stehen, bevor ich mich umdrehte. Hinter mir prustete das Mitochondrium los:

›Du solltest dein Gesicht sehen! Du siehst aus, als wärst du einem Gespenst begegnet.‹

Der Spott des Mitochondriums hatte mir gerade noch gefehlt und ich sagte wütend:

›Genauso fühle ich mich auch! Das ist kein Grund, mich auszulachen. Immerhin habe ich gerade meine Perlenkette in dieses Chaos gegeben.‹

Das Mitochondrium hörte auf zu lachen und erzählte, dass das erste Mitochondrium damals genauso entsetzt gewesen wäre wie ich, als es seine Kette abgegeben hatte. Aber es versicherte mir, meine Informationen wären gut aufgehoben. ›Mach dir keine Sorgen, du bekommst deine Enzyme stets zur richtigen Zeit. Ich habe schon lange Erfahrung damit‹, beruhigte es mich.

Mein Zittern ließ allmählich nach. Wir schauten noch einmal auf den Zellkern, der jetzt ganz ruhig im Innern der Zelle lag.

Niemand hätte ein solches Chaos und eine solche Fülle an Informationen darin vermutet.

Ich war noch immer ein wenig unruhig, vor allem aber plagte mich nun der Gedanke, dass ich meine Perlenkette nicht vollständig in den Zellkern gegeben hatte, so wie es ausgemacht gewesen war. Ich hatte einen meiner wichtigsten Baupläne zurückbehalten.«

»Welchen?«, fragte Mara.

»Den für das Enzym, mit dem ich das CO_2 für die Photosynthese einfange, weißt du.«

»Nicht schlecht«, grinste Mara, dann kamen aber auch ihr Bedenken und sie sagte ernst:

»So war es tatsächlich nicht abgemacht.«

»Eben, aber was sollte ich nun tun, ich hielt es für das Beste, mich dem Mitochondrium anzuvertrauen, und als wir vom Zellkern weit genug entfernt waren, erzählte ich ihm davon.«

»Und, was hat es gesagt?«, fragte Mara gespannt.

»Erst gar nichts, und dann grinste es mich breit an und

flüsterte, sein Vorgänger hätte es auch so gemacht, ein Stück seiner Perlenkette behalten. Das ginge schon in Ordnung. Ich müsse dieses Enzym dann eben selbst herstellen, wenn ich es brauche. So wie das Mitochondrium auch. Ich war erleichtert, denn ich wollte die Symbiose ja nicht gefährden, bei der es uns allen so gut ging.«

Mara nickte. Plötzlich fing sie an zu lachen.

»Sag mal, Chloroplast, dann bist du auch mit dem Mitochondrium verwandt?« Als der Chloroplast nickte, fuhr sie grinsend fort:

»Wo du hinkommst, triffst du Verwandte, was?«

»Genauso ist es«, bestätigte er. »Vieles in der Zelle war noch ungewohnt. Am schönsten war es, wenn sie richtig gut drauf war, dann ruderte sie in die Richtung, die ich wollte. Rief ich: ›Da vorne rechts, da will ich hin‹, schwamm sie so schnell wie möglich los. Rief ich dann: ›Jetzt direkt auf die Sonne zu, bis ich bei zwanzig bin‹, ruderte sie wie eine Wilde und ich zählte mit. Wenn ich zu einer Blaualgenkolonie wollte, nahm sie die Richtung auf und bremste gerade noch ab, um nicht mitten hineinzustürmen. Die Blaualgen drehten sich nach uns um und wunderten sich. Einmal hörte ich sie flüstern: ›Seit der Chloroplast ein Ruder hat, ist er verrückt geworden‹, und andere meinten: ›Seit die Zelle Photosynthese machen kann, übertreibt sie auch ein bisschen.‹ Die Zelle wuchs dank meines Zuckers. Und wenn es einem Einzeller richtig gut geht, denkt er bald daran, sich zu teilen. Die Zelle hatte das schon lange nicht mehr gemacht.«

»Kein Wunder, bei ihrer Unterernährung!«, warf Mara ein.

»Die Vorbereitungen begannen. Ich war sehr aufgeregt. Der Zellkern schickte uns Enzyme und das Mitochondrium teilte sich. Auch ich teilte mich und der neue Chloroplast und das neue Mitochondrium wanderten in die gegenüberliegende Hälfte der Zelle. Wir beobachteten den Zellkern, denn von ihm hing alles ab, so hatte es mir das Mitochondrium erzählt. Er wurde größer und größer, und für kurze Zeit löste sich seine Wand fast auf. Das Gewirr in seinem Innern lockerte sich, und die Ketten ordneten sich längs an. Wie von unsichtbaren Fasern gezogen, bewegten sie sich in die entgegengesetzten Enden der Zelle. Seltsamerweise sammelte sich jedoch eine Hälfte der Ketten am oberen und die andere am unteren Pol des Kerns. Dann schnürte er sich ein, genau wie ein Einzeller, bis er sich durchtrennte und schließlich zwei Kerne in der Zelle lagen.

Nun begann die Zelle, sich einzuschnüren. Wir lagen ganz dicht an der Wand. Langsam wurde es enger. Die Anstrengung der Zelle war deutlich zu spüren. Wir versuchten uns klein zu machen und starrten angestrengt durch die immer winziger werdende Öffnung in die andere Hälfte. Wir wollten die anderen nicht aus den Augen verlieren. Doch plötzlich war die letzte Verbindung zwischen der alten und der neuen Zelle gekappt. Das Loch hatte sich vollständig geschlossen.

Wir waren ganz still. Selbst das Mitochondrium gab keinen Ton von sich.

Mir war eigenartig und traurig zumute. Als ich das Mitochondrium fragte, ob es genauso empfände, nickte es nur stumm. Wir waren Einzeller, die allein lebten. Die Zelle war nach der Teilung erschöpft, fing aber wieder an zu wachsen, als ich genügend Zucker für uns alle gemacht hatte. Bald schon hatten wir wieder mehr Platz.

Dann jagte sie mit uns übers Wasser, so als würde sie von der Trennung der neuen Zelle ablenken wollen.«

Mara sah ihnen vom Baumhaus aus zu und lächelte. Dann beschleunigte der Chloroplast den Zeitraffer. Die Zellen teilten sich in einem enormen Tempo und bald war das Meer von grünen Zellen übersät.

»Eines Tages war es wieder einmal so weit«, setzte der Chloroplast seine Erzählung fort, »eine Zellteilung war angesagt.

Wir hatten das nun schon oft gemacht, und trotzdem, glaub mir, war der Moment der Ablösung jedes Mal traurig. Wir saßen in unserer Hälfte, starrten angespannt durch die kleiner werdende Öffnung in die andere Hälfte und warteten darauf, dass es endlich vorbei war. Diesmal schloss sich die Öffnung jedoch nicht. Das Mitochondrium und ich sahen uns überrascht an. Wir fragten die Zelle, was los sei. Sie wusste es auch nicht. Wir warteten ab, bis uns allen klar wurde, dass wir uns diesmal nicht trennen würden. Wir blieben mit der neuen Zelle vereint.

Das gab ein Hallo. Wir freuten uns genauso wie die neue Zelle. Wir schickten ein paar Enzyme hinüber, so zum Spaß, und die anderen schickten sie wieder zurück. Vor lauter Freude vergaß der neue Chloroplast, Photosynthese zu machen, und seine Zelle beschwerte sich. Da schickte ich schnell ein bisschen Zucker rüber, und alles war gut. Wir jubelten vergnügt über die gelungene Hilfe. Doch plötzlich hielten wir inne. Das war's! Wir konnten uns von nun an gegenseitig helfen, ein bisschen Zucker war nur der Anfang. Wenn eine Zelle verletzt wurde, konnte eine andere helfen. Wir hatten das Prinzip der Arbeitsteilung entdeckt!«

»Wer ist eigentlich darauf gekommen, beieinander zu bleiben?«, fragte Mara

»Man kann nicht sagen, dass irgendjemand darauf gekommen war. Der Zellkern hatte bei der Teilung der Perlenketten falsch abgeschrieben, und so hatte der neue Zellkern die Information, die Öffnung zwischen den Zellen nicht ganz zu schließen.«

»Toll, aber das war auch gefährlich, oder?«, wollte Mara wissen.

»Natürlich, es hätte alles Mögliche passieren können.«

»Hätte es auch tödlich ausgehen können?«, flüsterte sie und der Chloroplast nickte.

»Wie ging es weiter?«, fragte sie voller Spannung.

vor
3650–3600
3400
3200
3000
2800
2600
2400
2200
2000
1800
1600
1400
1200
1000
800
600
400
200
100
1–0
Millionen Jahren

»Auch bei allen weiteren Teilungen blieb zwischen den anderen Zellen und uns eine kleine Öffnung. Bei jeder Teilung kam eine hinzu, so dass unsere Haut bald von vielen kleinen Löchern übersät war, die den Kontakt zu den anderen aufrechterhielten. Ein reger Austausch von Enzymen, Zucker und Energie fand statt. Da auch die Zellen, die uns direkt umgaben, Öffnungen zu ihren neu hinzugekommenen Nachbarzellen behielten, hatten wir auch Kontakt zu Zellen, die gar nicht direkt mit uns verbunden waren. Wir bekamen auf diese Weise Stoffe von vielen Mitgliedern unserer neuen Gemeinschaft, wir halfen uns gegenseitig und profitierten alle davon.«

Mara schaute aus dem Baumhaus. Der Zeitraffer lief gerade so schnell, dass sie verfolgen konnte, wie sich eine grüne Kugel aus vielen Zellen – es mussten so an die tausend sein – entwickelte. Sie waren in der Form eines Luftballons angeordnet. Und je mehr Zellen hinzukamen, desto größer wurde der Ballon. Sein Inneres war hohl.

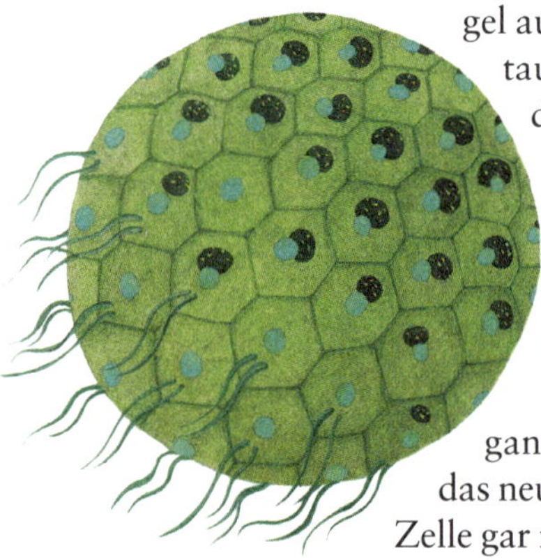

»Das ist Volvox, der erste Vielzeller«, erklärte der Chloroplast stolz.

»Volvox.« Mara sprach den Namen ganz langsam aus. Lange betrachtete sie das neue Gebilde im Wasser. »Ich kann deine Zelle gar nicht erkennen, alle sehen gleich aus.«

»Die meisten Zellen gleichen sich, aber einige sind anders. Schau!«

Jetzt sah Mara, dass nur die Zellen auf einer Seite von Volvox lebhaft schlagende Ruder besaßen, mit denen er schnell vorwärts kam. Die Zellen am vorderen Ende hatten große Flecken. Als Mara den Chloroplasten danach fragte, erklärte er:

»Das sind Augenflecken, mit denen Volvox das Licht wahrnehmen kann. Die Signale werden von den Augenzellen an die Ruderzellen weitergegeben und diese steuern Volvox zum Licht. Dann legen sich alle Chloroplasten von innen an die Zellwände und produzieren Zucker. Die Zellen wachsen und teilen sich, bis es einige tausend sind und Volvox ausgewachsen ist. Zwar besitzen alle Zellen identische Perlenketten, sie sind aber dennoch verschieden ausgebildet, weil sie ihre Enzyme zu unterschiedlichen Zeiten oder gar nicht benutzen. Jetzt zeige ich dir meine Zelle«, sagte der Chloroplast und warf einen Seitenblick auf Mara. Sie war ganz vertieft in den Anblick von Volvox. Nach einer kleinen Pause räusperte sich der Chloroplast und fuhr fort:

»Sie ist im hinteren Bereich. Und wenn du genau hinsiehst, erkennst du dort einige Zellen, die kein Ruder besitzen.«

»Ist das dort deine Zelle, ohne Ruder und ohne Augenflecken? Als würdet ihr gar nicht zu den anderen gehören.« Mara sah ihn verblüfft an, als der Chloroplast nickte.

»Genau das haben wir uns auch gefragt. Wir lebten so gerne in diesem Vielzeller und wir hätten auch gerne für ihn nach Licht Ausschau gehalten oder wären mitgerudert. Wir kamen uns so unnütz vor. Und als wir eines Tages, noch während unsere Zelle sich teilte, aus dem Verband hinausgeschoben wurden und nur noch mit zwei Fäden am Volvox hingen, ergriff uns Panik. Ausgestoßen kamen wir uns vor. Es war schrecklich. Wir hingen da ganz alleine, konnten weder vor noch zurück.

Wir hatten damals keine Ahnung, welche wichtige Aufgabe auf uns zukam. Bald darauf trafen Enzyme vom Zellkern ein, ich machte Photosynthese, die Zelle wuchs und wir teilten uns. Die Zelle begann sich einzuschnüren und das Mitochondrium und ich warteten zusammen in einer Ecke. Die neue Zelle war nur noch durch eine kleine Öffnung mit uns verbunden. Wir starrten wie immer angespannt hindurch. Würde sie sich schließen und uns alleine zurücklassen oder blieben wir wieder mit anderen Zellen zusammen? Wir wuchsen mit vielen anderen zu einem neuen Volvox heran. Nun wollten wir nicht mehr am Gängelband hängen, rissen die Fäden durch, die uns noch mit dem ersten Volvox verbanden, und lösten uns mit Schwung ab.

›Endlich sind wir frei!‹, rief das Mitochondrium und sprach damit aus, was wir alle fühlten. Wir schwammen los. Es dauerte aber nicht lange …«

Mara sah hinunter und grinste.

»Kannst du dir unsere Gesichter vorstellen, als wir bemerkten, dass wir im Innern des ersten Volvox gelandet waren?«, fragte der Chloroplast und Mara nickte lachend.

»Wir schwebten in dieser großen Kugel herum und konnten nicht raus. Wir waren eingesperrt. Das Mitochondrium regte sich wahnsinnig auf. Wir hätten einen Fehler gemacht, wir hätten besser aufpassen sollen, wo wir landen. Aber was hätten wir anderes tun sollen? Der Zellkern lenkte uns doch. Wir fühlten uns betrogen und bevormundet.«

»Es ging euch doch gut. Volvox brachte euch immer zum Licht. Es fehlte an nichts«, sagte Mara.

»Wir wollten frei sein! Nur die Zelle meinte, es wäre vernünftig, im ersten Volvox zu leben. Das Mitochondrium und ich hingegen waren enttäuscht.«

»Das kann ich verstehen. Jetzt wart ihr zu einem eigenen Volvox herangewachsen und musstet doch eingesperrt leben«, sagte Mara mitfühlend.

»Das war ärgerlich, aber es kam noch schlimmer!«, setzte der Chloroplast seine Geschichte fort.

»Erzähl!«, bat Mara.

»Der erste Volvox reagierte immer sehr schnell auf die Umgebung. Sobald er eine Lichtquelle entdeckte, bewegte er sich rasch darauf zu. Das Licht drang bis zu uns durch, so dass ich Photosynthese machen konnte. Wir waren gut versorgt, bis wir eines Tages Lichtquellen bemerkten, auf die der erste Volvox nicht reagierte, so als würde er sie nicht erkennen.«

»Oje, er sah auf einmal schlechter«, bedauerte ihn Mara.

»Wir waren in heller Aufregung. Wenn er uns nicht mehr zum Licht bringen konnte, wäre es bald aus mit uns. Wir hätten ihn am liebsten angeschoben! Und das war nicht alles, er bekam Risse in der Haut. Bis dahin wurden solche Verletzungen von den Reparaturenzymen schnell geheilt und die Haut sah aus wie vorher. Jetzt aber dauerten die Reparaturen immer länger oder wurden gar nicht mehr ausgeführt. Der große Volvox sah rissig und schrumpelig aus.«

Mara sah den Chloroplasten verwundert an.

»So wie du das beschreibst, gibt es nur eine Erklärung: Volvox wurde alt! Warum wunderte euch das so sehr. Es passiert dauernd. Das ist ganz normal, auch bei den Menschen. Die Augen werden schlechter, sie reagieren langsamer und die Haut wird faltig.«

Der Chloroplast sah sie finster an.

»Alt werden, das sagst du so einfach. Ihr Vielzeller seid daran gewöhnt, aber wir Einzeller kannten das noch nicht.«

»Wieso?«

»Weil ein anständiger Einzeller nicht alt wird. Er teilt sich vorher und ist dann wie neugeboren. Jedenfalls solange er genügend zu essen hat.«

»Ein Einzeller wird nicht alt«, wiederholte Mara langsam, »darüber hab ich noch gar nicht nachgedacht.«

»Dass er alt wurde, war noch nicht alles, wie du dir denken

kannst. Vielzeller werden nicht nur alt, es kam noch schlimmer!«

»Wie ging es weiter?«, flüsterte Mara ängstlich.

»Volvox starb und löste sich auf«, murmelte der Chloroplast nach einer Weile, und noch leiser, als könnte er es immer noch nicht fassen, was damals passiert war, fuhr er fort:

»Die Zellen verloren ihre Form, die ganze Kugel um uns herum löste sich auf, der Inhalt ergoss sich ins Wasser. Überall schwammen Bruchstücke von Enzymen und Reste von Zellwänden. Selbst die Zellkerne lösten sich auf und Perlenketten trieben überall. Der erste Volvox existierte nicht mehr.«

Ziellos schwamm der neue Volvox zwischen den Bruchstücken herum. Bei dem Anblick traten Mara Tränen in die Augen und sie flüsterte:

»Armer Volvox!«

»Er musste sterben, weil er alt geworden war. Für uns Einzeller war das eine schreckliche Erkenntnis. Du kennst nur die Welt der Vielzeller, sie werden geboren, werden alt und sterben. Es war nie anders. In der Welt der Einzeller gehörte der Tod nicht zwingend dazu.«

»Aber ihr könnt doch auch sterben, oder?«

»Ja, schon. Viele Einzeller sind durch Unfälle oder Naturkatastrophen umgekommen, oder sie sind verhungert. Aber keiner musste sterben, weil er alt war.«

Mara holte tief Luft.

»Es ist so traurig, wenn jemand stirbt«, sagte sie leise und der Chloroplast nickte. Schweigend sahen sie aufs Meer, bis Mara fragte:

»Konnte man denn gar nichts dagegen tun?«

»Nein, es war der Preis für die Weiterentwicklung zum Vielzeller.«

»Ein hoher Preis«, bemerkte sie bitter.

»Wir waren damals entsetzt, aber unser neuer Volvox war

auf diese Weise frei. Das Leben ging weiter, die Zellen waren jung und voller Kraft, wir konnten schnell zu voller Größe heranwachsen.«

»Wie konntet ihr so schnell wachsen?«, fragte Mara.

»Wir hatten so viele Nährstoffe von dem alten Volvox, seine Bruchstücke schwammen überall im Wasser herum.«

»Und die habt ihr zu euch genommen?« rief Mara und verzog ihr Gesicht dabei.

»Es war das mühsam aufgebaute Erbe, das Volvox hinterlassen hatte, und wir haben es angenommen.«

»Sein Erbe«, überlegte Mara, »er hat es euch hinterlassen. Es war wohl richtig, es zu nutzen.« Sie sah auf das ruhige Wasser, in dem sich der zweite Volvox entwickelte.

»Habt ihr eigentlich richtig zum ersten Volvox gehört, ohne Ruder und ohne Augenflecken? Er hat doch deine Zelle rausgeschmissen, warum hat er das gemacht?«, fragte Mara.

»Natürlich haben wir richtig dazugehört! Und es war ein Glück, dass er uns rausgeschmissen hat, sonst wären wir mit ihm gestorben.«

Mara schlug erschrocken die Hand vor den Mund und der Chloroplast fuhr fort:

»Der erste Volvox hatte ein Problem: Wie sollte er sich fortpflanzen? Eine völlig neue Art der Vermehrung war nötig geworden, weil ein Vielzeller, wie er einer war, sich nicht einfach teilen konnte. Nur einzelne Zellen können das. Und meine Zelle war zu einer Fortpflanzungszelle geworden. Sie war der Ausgangspunkt, der Keim für den neuen Volvox.«

Mara sah ihn lange an und sagte schließlich:

»Eigentlich ist deine Zelle die wichtigste im ganzen Verband.«

»Nein«, widersprach der Chloroplast, »alle sind wichtig. Eine könnte ohne die andere nicht existieren. Meine Zelle ist genauso lebenswichtig wie alle anderen auch.«

Mara nickte und sah hinaus.

»Der neue Volvox sieht genauso aus wie der alte. Ist deine Zelle wieder eine Fortpflanzungszelle?«, fragte sie.

»Ja, dieser Volvox ist eine exakte Kopie, er ist aus den gleichen Perlenketten entstanden wie der erste.«

Mara lehnte sich zurück. Sie war erschöpft. Auch der Chloroplast sah müde und traurig aus.

»Wollen wir zurück?«, fragte er und Mara nickte.

Sie landeten in der alten Eiche und verabschiedeten sich wortlos mit einem Lächeln. Mara winkte dem Chloroplasten noch einmal zu, als er in seinem Blatt verschwand.

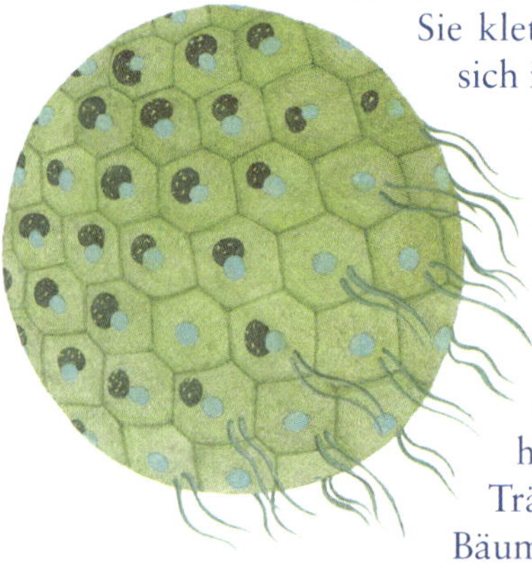

Sie kletterte aus dem Baumhaus und legte sich ins Gras.

Der sterbende Volvox hatte ihr klar gemacht, wie eng das Leben mit dem Sterben verbunden ist. Die Erkenntnis, dass eins ohne das andere nicht sein konnte, ließ Tränen in ihren geschlossenen Augen aufsteigen. Nach einer Weile blinzelte sie durch die halb geöffneten Lider und durch den Tränenschleier sah sie das satte Grün der Bäume über sich. Sie spürte die Wärme der Sonnenstrahlen auf der Haut und die Kraft in ihrem Körper.

Plötzlich flog etwas über ihren Bauch. Hastig richtete sie sich auf und erkannte Lido, der rasch unter den Bäumen verschwand. Kurz darauf kam er zurück, duckte sich unter einem tief hängenden Zweig und starrte Mara an. Dann schoss er auf sie zu, schlug kurz vor ihr einen Haken und tobte wie wild geworden davon. Mara lachte mit Tränen in den Augen. Nun kam Lido langsam und neugierig auf sie zu. Sie drückte ihn an sich und rieb ihr Gesicht in seinem Fell trocken. Der Kater schnurrte genießerisch, ließ sich aber nicht lange festhalten und sprang wieder aus ihrem Arm. Mara blieb noch eine Weile sitzen und ging dann ins Haus. Ihre Tante war noch nicht zurück.

Sie deckte den Frühstückstisch ab, setzte sich und nahm einen Apfel aus der Schale auf dem Tisch. Als sie Thea in diesem Moment an der Haustür hörte, legte sie den Apfel zurück und ging ihr entgegen, um ihr die Einkaufstaschen abzunehmen.

»Ich habe Kirschen mitgebracht, möchtest du welche, Mara?«

»Ja, gerne!«

Sie nahm sich eine Hand voll und setzte sich schweigend auf die Küchenbank.

»Worüber denkst du nach, kann ich dir helfen?«, fragte ihre Tante.

»Wie alt war Opa eigentlich, als er starb?«

»Er war 93 Jahre.«

»Das ist alt und eigentlich auch wieder nicht«, überlegte Mara.

»Irgendwann muss jeder gehen, und er hat ein langes Leben gehabt. Am Ende war er ganz verwirrt, freute sich aber immer noch über deinen Besuch, auch wenn er nicht mehr wusste, dass du seine Enkelin Mara bist.«

Mara konnte sich gut erinnern, wie erschrocken sie war, als ihr Großvater sie nicht mehr erkannte.

Thea hielt die Tüte mit Kartoffeln, die sie gerade wegräumen wollte, in der Hand, lehnte sich gegen die Küchenplatte und sagte nachdenklich:

»Er strahlte so heiter, obwohl er sich an fast nichts mehr erinnern konnte – oder vielleicht gerade deshalb. Kurz bevor er starb, hatte er vergessen, wie alt er war. Er dachte, er sei jung und fühlte sich voller Energie, obwohl er nicht mal mehr die Kraft hatte, alleine aufzustehen. Kannst du dich daran noch erinnern, Mara?«

»Ja, sehr gut«, antwortete sie traurig.

Sie schwiegen. Mara starrte auf den Tisch. Nachdem Thea die Kartoffeln in den Schrank geräumt hatte, setzte sie sich neben Mara und legte ihren Arm um sie.

»Es ist nun schon einige Zeit her, aber ich werde auch jedes Mal traurig, wenn ich daran denke.«

Mara sah sie von der Seite an und flüsterte:

»Alle Menschen müssen sterben«, und noch leiser fügte sie hinzu, »wie alle Vielzeller.«

Thea sah Mara halb fragend, halb verblüfft an.

»Vielzeller, wie kommst du darauf?«

»Ich meine im Gegensatz zum Einzeller.«

»Zum Einzeller? Müssen die nicht sterben?«, fragte Thea ungläubig.

Mara schüttelte den Kopf.

»Das ist ja interessant! Das wusste ich gar nicht, aber ich kenne auch keinen Einzeller«, sagte Thea lächelnd.

Aber ich! dachte Mara. Sie saßen noch eine Weile schweigend am Tisch, bis Thea fragte:

»Wollen wir nun ins Kino? Schau doch mal in den Anzeigen nach, vielleicht gibt es eine Komödie, das würde uns gut tun.«

Mara schlug die Zeitung auf und wollte bis zu den Kinoanzeigen blättern, als ihr Blick an einer fett gedruckten Überschrift hängen blieb.

Der genetische Code

Wissenschaftler haben schon vor einiger Zeit den genetischen Code entschlüsselt. So konnten sie die DNA lesen. Diese liegt im Zellkern in Form langer Ketten vor. Sie sind auf Untereinheiten verteilt, die sich Chromosomen nennen. Seit längerem bemühen sich verschiedene Gruppen von Wissenschaftlern, die menschliche DNA vollständig zu lesen. Dies glückte vor kurzem, und nun streiten sich mehrere Gruppen von Wissenschaftlern darum, wer sich ›Entdecker der kompletten DNA‹ nennen darf. Da die Wissenschaftler auf Patente hoffen, mit denen viel Geld zu verdienen ist, wird der Streit mit harten Anschuldigungen geführt.

Mara las den Artikel noch einmal, der Mund blieb ihr offen stehen und sie murmelte:

»Das gibt es doch nicht!«

»Was gibt es nicht?«, fragte Thea

»Hier, schau mal, da geht es um den genetischen Code, das ist die Geheimschrift mit den Perlen, die ich dir gestern gezeigt habe.«

»Und jetzt steht was darüber in der Zeitung? Zeig mal!« Thea las den Artikel, dann schaute sie Mara an.

»Da musst du dich auch melden, du kennst doch die Geheimschrift.«

»Ich glaube, da geht es noch um etwas anderes. Die haben alle Perlen, die in einer menschlichen Zelle sind, gelesen. Das müssen Unmengen sein. Hier steht noch etwas:

> Das menschliche Erbgut besteht aus Abschnitten, auf denen etwa 40 000 bis 60 000 Enzyme codiert sind. Die Abschnitte sind auf 23 Chromosomen verteilt.«

Mara überlegte, wie dieser Zeitungsartikel mit der Geschichte des Chloroplasten zusammenhing. Die DNA war die Perlenkette, so viel hatte sie verstanden, und diese Chromosomen, das waren die wieder und wieder zusammengeknäulten Abschnitte der Perlenketten im Zellkern. Die Zahlen waren ungeheuer groß. Ob diese Wissenschaftler wussten, was sie taten?

»Ich verstehe das nicht«, unterbrach Thea ihre Gedanken und Mara versuchte ihr zu erklären, dass die Perlenkette eine Bauanleitung ist, mit der in den Zellen Enzyme hergestellt werden, dass diese Enzyme wiederum die Werkzeuge sind, mit denen die Lebewesen ihre Nahrung umwandeln, in Haut, Muskeln, Knochen und so weiter.

»Denn du bestehst ja nicht aus dem, was du isst«, schloss sie und sah Thea dabei an.

»Zum Glück, dann wäre ich aus Pudding, das wäre furchtbar!«, rief Thea, die eine Schwäche für Süßes hatte.

»Aber wo kommen denn die Enzyme in der Geheimschrift vor?«

»Die Enzyme sind die Wörter der Geheimschrift. Sie bestehen aus Aminosäuren, und das sind wiederum die Buchstaben, die verschlüsselt in der Perlenkette stehen. Für jeden Buchstaben, oder besser gesagt: für jede Aminosäure, brauchten wir drei Perlen, weißt du noch?«, erklärte Mara.

»Ich erinnere mich.« Thea dachte kurz nach und sagte dann:

»Aminosäuren statt Buchstaben ... Das ist so, als würden die Zellen andere Zeichen benutzen, so wie die Chinesen andere Schriftzeichen benutzen als wir.«

»Die Chinesen sprechen chinesisch und die Zellen ›zellisch‹«, lachte Mara.

»So muss man sich das vielleicht vorstellen!«, sagte Thea und lachte mit.

»Dieses ›zellisch‹ hat aber viele Wörter beziehungsweise Enzyme und wahnsinnig lange Perlenketten«, fuhr Mara mit einem Blick auf den Zeitungsartikel fort.

»Rechne mal nach: Das sind 60 000 mal drei Perlen. Das sind 180 000 Perlen. Wenn ich bedenke, wie lange wir gebraucht haben, um kurze Wörter zu schreiben. Was steht da wohl alles drauf?«, überlegte Thea, die sich noch nie Gedanken über die Steuerung ihrer Enzyme gemacht hatte.

»Weißt du, für jedes Nahrungsmittel, das du isst, brauchst du ein spezielles Enzym, das auf der Perlenkette – oder der DNA, wie es in der Zeitung heißt – codiert sein muss. Da muss jeder Schritt, der aus einem Stück Brot eine Muskelzelle werden lässt, genau beschrieben sein.«

»Durch die Enzyme wird ein Stück Brot zu einem Muskel? Das stelle ich mir schwierig vor«, sagte Thea und blickte auf ihren Oberarm, dessen Muskel sie durch Ballen der Faust hervortreten ließ.

»Wo sind diese Perlenketten?«, fragte Thea und blickte an sich hinunter, genau wie Mara es getan hatte, als ihr der Chloroplast davon erzählte.

»In den Zellen, oder besser gesagt: in den Zellkernen.«

»Du meinst in den Muskelzellen, Nervenzellen, Haut- und Hirnzellen?«

»Du bestehst aus Milliarden von Zellen und in jeder Zelle ist ein Zellkern mit der Geheimschrift, deiner DNA.«

»So viele?« Thea sah Mara mit großen Augen an. »Das ist ja toll!«

»Und das Beste ist, dass deine Enzyme erst in dem Moment gemacht werden, in dem du Brot oder etwas anderes, zum Beispiel Obst oder Gemüse isst. Immer werden die Enzyme nach Bedarf gemacht.« Ohne nachzudenken hatte Mara nur gesunde Nahrungsmittel aufgezählt.

»Und was ist damit?«, fragte Thea und zog eine Tafel Schokolade aus einer der Einkaufstaschen, »gibt es dafür auch Enzyme?«

»Klar«, grinste Mara, »aber eben wieder andere als für Gemüse und Obst.«

Thea drehte die Tafel in ihrer Hand und musterte sie genau.

»Ist eigentlich einleuchtend«, sagte sie grinsend und schob sie in ihre Handtasche. »Fürs Kino – und unsere Enzyme …«, flüsterte sie verschwörerisch.

Mara musste auch grinsen.

Thea setzte sich zu ihr an den Tisch und sagte langsam:

»Das ist eine tolle Sache mit diesen Enzymen. Wenn man sich das genau überlegt, existieren wir nur durch sie, stimmt's? Sie wandeln alles um. Langsam wird mir klar, dass es sehr viele davon geben muss, bei den vielen verschiedenen Lebensmitteln, die wir essen. Und immer entstehen daraus Haut, Knochen, Muskeln, unser ganzer Körper. Einfach toll! Es klingt, als wäre es das Geheimnis des Lebens.«

»Ich glaube, das ist es auch. Es fängt mit der Geheimschrift an und hört damit auf, dass ...« Mara schaute auf einmal traurig drein und Thea beeilte sich, den Satz betont fröhlich zu beenden:

»... dass wir Schokolade essen können. Lassen wir es für heute dabei. Wo kommt diese Geheimschrift eigentlich her?«, wollte Thea nun doch noch wissen.

»Sie ist vor vier Milliarden Jahren entstanden. Damals gab es nur ganz wenige Enzyme. Dann hat sie sich durch Zufall weiterentwickelt.«

»Durch Zufall? Du machst Witze!«

»Nein, in vier Milliarden Jahren kann so etwas durch Zufall entstehen«, beharrte Mara.

»Unvorstellbar!«, murmelte Thea. Sie sah Mara von der Seite an und fragte:

»Lernt ihr das in der Schule?«

»Ja«, log Mara. Es war besser, Thea glaubte, sie würde das in der Schule lernen. Dass sie im Biologieunterricht die Namen der einheimischen Singvögel und Pflanzen auswendig lernen musste, erwähnte sie lieber nicht. Ganz sicher würde Thea sofort mit ins Baumhaus kommen, wenn sie ihr vom Chloroplasten erzählte. Und das wollte Mara nicht, schon aus Angst, dass er dann nicht mehr käme.

Da fiel ihr siedend heiß ein, dass sie sich das letzte Mal beim Abschied gar nicht verabredet hatten, weil sie so traurig gewesen waren. Hoffentlich würde er wiederkommen – er musste einfach.

Thea blätterte in der Zeitung bis zu den Kinoanzeigen. Sie wählten einen Film, den Mara schon lange sehen wollte.

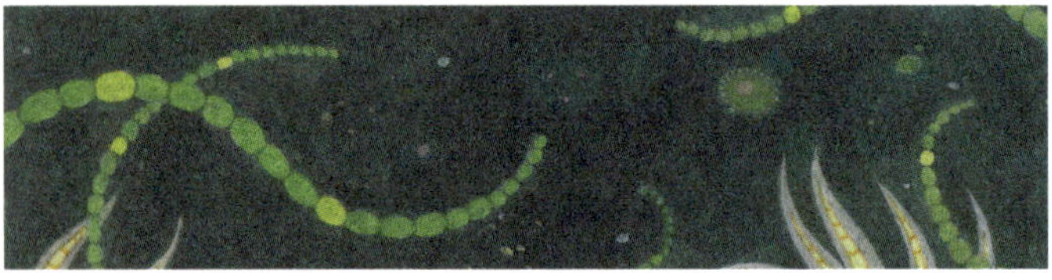

Als es im Kinosaal dunkel wurde, musste Mara gähnen. Vor ihr breitete sich das Meer aus, lange und kurze Perlenketten schwammen darin. Sie suchte den Chloroplasten und die Zelle, konnte sie aber nicht finden. Weit und breit war kein Lebewesen zu sehen. Die Perlenketten versanken langsam in der Tiefe und Mara rief:

»Vorsicht, die sind ganz wertvoll.« Sie saß aufrecht in ihrem Stuhl und blickte in Theas überraschtes Gesicht. Aus der Reihe hinter ihr zischte es:

»Ruhe da!«

Mara machte sich auf ihrem Sitz ganz klein.

Auf der Leinwand purzelten Cowboys übereinander, Gläser klirrten und Frauen in Rüschenkleidern mit hochgesteckten Haaren liefen kreischend zu einer Saloontür hinaus.

Mara versuchte sich zu konzentrieren, um wenigstens den Rest des Films mitzubekommen. Vergeblich. Sie war in Gedanken bei ihren Zeitreisen. Und wenn die Leute um sie herum lachten, verstand sie nicht warum.

An diesem Abend ging Mara früh zu Bett, konnte aber lange nicht einschlafen. Unruhig wälzte sie sich von einer Seite auf die andere, so dass Lido, der sich zu ihr gelegt hatte, bald aus dem Bett sprang und nach unten ging.

Bestimmt geht er in den Garten, dachte Mara und wäre am liebsten mitgegangen.

Der Mond schien hell in ihr Zimmer, als sie endlich einschlief.

Ein prasselndes Geräusch weckte sie.

»Oh nein!«, murmelte sie nach einem Blick aus dem Fenster und zog sich die Decke über den Kopf. Es regnete in Strömen. Wie sollte sie bei diesem Wetter ins Baumhaus kommen? Und kam der Chloroplast dann überhaupt? Bisher hatte bei ihren Treffen immer die Sonne geschienen. Sie blieb unter der Decke, bis es ihr zu warm und stickig wurde. Mit einem Seufzer stand sie auf und suchte vergeblich am wolkenverhangenen Himmel eine Stelle, durch die ein paar Sonnenstrahlen hätten kommen können. Sie ging im Nachthemd hinunter, um zu frühstücken. Thea stellt ihr frische Croissants und eine Schale mit Kirschen auf den Tisch.

»Nimm dir«, forderte sie Mara auf. »Kirschen gibt es nicht lange.« Und sie fügte noch hinzu: »So ein Mistwetter heute!«

Mara nickte und begann zu essen.

Nach dem Frühstück ging sie in ihr Zimmer und zog sich an. Sie schlüpfte, dem Wetter zum Trotz, in ihre kurze Jeans und ihr hellblaues Top. Zum ersten Mal, seit sie bei ihrer Tante war, zog sie statt ihrer Sandalen ihre weißen Turnschuhe an. Sie überlegte, was sie machen könnte, ging hinunter und setzte sich neben Lido, der vor der verglasten Küchentür lag und in den Garten schaute. Von nebenan klang Klaviermusik zu ihr herüber. Theas Schülerin übte für das Konzert. Sie wiederholte immer wieder die schwierigen Stellen. Mara hörte kaum zu. Sie zog ihre Knie bis ans Kinn und betrachtete ihre Schuhe, die schon längst nicht mehr weiß waren, sondern so grau wie die Erde vor vier Milliarden Jahren. Da fehlt doch was, dachte sie, holte einen grünen Filzstift und malte ein ovales Gesicht mit all den Falten und Linien, die sie beim Chloroplasten beobachtet hatte. Seinen Mund zog sie zu einem Lächeln. Als sie fertig war, stellte sie sich vor den Spiegel.

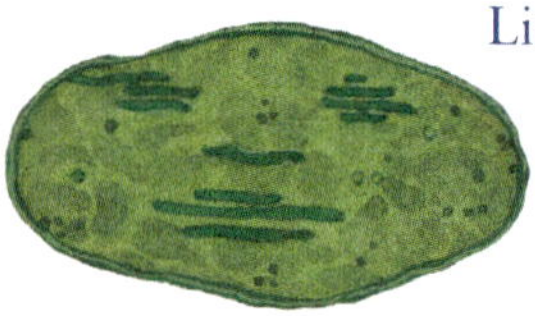

»Supercool!« murmelte sie zufrieden.

Thea begleitete ihre Schülerin zur Haustür und kam in die Küche. Ihr Blick fiel auf Maras Schuhe.

»Der ist ja süß! Wer ist das?«, fragte sie.

»Ein Chloroplast, ein Einzeller.«

»Seltsamer Name.« Thea schmunzelte und sah hinaus in den Regen. »Ich habe heute Nachmittag noch zwei Klavierschüler, da können wir nicht viel unternehmen. Tut mir Leid!«

»Das macht nichts. Ich werde ein bisschen lesen«, entgegnete Mara.

Sie ging nach oben und legte sich mit einem Buch aufs Bett. Ihre Gedanken aber wanderten immer wieder ins Baumhaus. Vier Milliarden Jahre oder genauer gesagt: 3650 Millionen Jahre. Darauf legte der Chloroplast großen Wert. Kein Wunder, schließlich war das sein Geburtstag. Sie würde ihren Geburtstag auch nicht um 650 Millionen Jahre vorverlegen. Ob es da uberhaupt schon Menschen gegeben hat?

Wie weit waren sie denn bis jetzt gereist? Sehr weit konnten sie noch nicht gekommen sein, denn es gab nur ein paar winzige Lebewesen im Meer, das Land war immer noch kahl und unbewohnt.

Sie musste den Chloroplasten fragen. Er würde ihr alles zeigen, was bis heute auf dieser Erde geschehen war. Sie fragte sich nicht, wie eine solche Zeitreise möglich war. Für sie gab es den Chloroplasten wirklich. Sie konnte im Baumhaus mit ihm sprechen und er antwortete auf ihre Fragen. Er erklärte ihr Dinge, die es wirklich gab und die sie zuvor nicht verstanden hatte. Sie sah auf ihre Turnschuhe und lächelte. Sie wollte so schnell wie möglich ins Baumhaus, wollte wissen, wie es weiterging auf der Erde. Mit Schwung setzte sie sich auf und sah nach draußen. Es hatte aufgehört zu regnen, aber die Wolken hingen noch schwer am Himmel.

»Kommst du zum Mittagessen?«, rief Thea herauf. Mara hatte gar nicht bemerkt, wie spät es schon geworden war.

Als sie in der Küche saßen, klarte der Himmel auf. Die Sonne schien und Mara konnte sich gar nicht mehr vorstellen, wie schlecht das Wetter gerade noch gewesen war. Nur die glitzernden Tropfen auf dem nassen Gras zeugten noch davon.

»Ich gehe jetzt ins Baumhaus«, sagte sie, und als Thea sie verwundert ansah, fügte sie hinzu:

»Ich habe meine Stifte gestern dort liegen lassen, ich hole sie lieber.«

»Hoffentlich sind sie nicht nass geworden.«

»Das glaub ich nicht. Es regnet nicht ins Baumhaus rein. Bis nachher!«

»Bis nachher!«, rief Thea und ging zur Tür. Es hatte geklingelt.

Als sie an der Leiter zum Baumhaus war, hörte Mara schon den Schüler ihrer Tante auf den Tasten herumhämmern. Es genügte, dass er die Nerven ihrer Tante strapazierte und nicht auch noch ihre. Sie kletterte hoch, setzte sich auf die Bank und umschlang ihre Knie mit den Armen. Beharrlich schaute sie zu Boden. Sie hatte mehrmals bemerkt, dass der Chloroplast sich nicht gern beobachten ließ, wenn er erschien. Also sah sie nicht auf sein Blatt.

»Hallo Mara!«, hörte sie ihn kurz darauf. Sie drehte sich zu ihm um. Er schaute gerade auf ihre Schuhe und fing an zu grinsen.

»Hallo Chloroplast!« Mara grinste zurück. »Gut, oder?«, fragte sie und der Chloroplast zwinkerte geschmeichelt.

»Ich gefalle mir«, sagte er.

Mara lächelte. Die Blätter der Eiche glänzten noch vom Regen und Tropfen trommelten leise aufs Dach.

»Sag mal, kann es sein, dass die Wissenschaftler die Perlenkette DNA nennen?«, fragte Mara.

»Ja, das tun sie. Sie haben oft so nichts sagende Namen«, antwortete der Chloroplast.

»Schade, sonst würde man sie viel besser verstehen.«

»Ich habe dir die Geheimschrift anhand der Buchstaben des Alphabets erklärt, damit du es dir besser vorstellen kannst. Die Perlen sind eigentlich vier verschiedene, kompliziert aufgebaute Moleküle und werden Basen genannt. Die Buchstaben sind 26 verschiedene Aminosäuren, aus denen die Enzyme, also die Wörter, zusammengesetzt werden.«

»DNA, Basen, Aminosäuren und Enzyme. Jetzt verstehe ich den Zusammenhang«, sagte Mara, »aber die Wissenschaftler könnten schönere Namen erfinden, dann wäre alles einfacher zu verstehen.«

»Natürlich wäre das möglich. Ich glaube aber, sie verstehen oft selbst nicht genau, worum es geht.«

»Meinst du? Ich dachte immer, die wissen alles«, sagte Mara verblüfft und der Chloroplast lachte laut los.

»Nein, sie wissen fast nichts, aber sag es ihnen nicht!«

Da Mara keinen Wissenschaftler kannte, war diese Gefahr gering. Sie war ein bisschen verunsichert. Wenn der Chloroplast so lachte, wurde sie nicht recht schlau aus ihm.

»Gut, dass der Regen aufgehört hat. Ich fürchtete schon, ich könnte gar nicht kommen. Dabei will ich unbedingt deine Geschichte zu Ende hören.«

»Wir sind noch lange nicht am Ende«, entgegnete der Chloroplast.

»Wie viel Zeit ist denn vergangen, bis sich der Volvox entwickelt hat?«, fragte Mara.

Der Chloroplast sah sie lange an. Dabei schoben sich die Falten in seinem Gesicht ein wenig hin und her.

»Etwa 2500 Millionen Jahre. Am 1. Januar fing alles mit den Einzellern an und ab dem 1. Februar gab es mich mit meiner Photosynthese.«

»Vom 1. Januar bis zum 1. Februar sind es 31 Tage. Das sind dann ...«, grübelte Mara.

»Ein Tag dauert 10 Millionen Jahre«, half ihr der Chloroplast.

»Dann sind es also 310 Millionen Jahre. Und wann haben sich die Blaualgen entwickelt?«

»Am 1. März.«

»Und wann hast du die Zelle getroffen?«

»Am 1. August.«

»Und Volvox, wann ist der entstanden?«

»Am 1. September.«

»Dann sind bis jetzt von Januar bis September«, Mara zählte an den Fingerknöcheln die Monate mit 31, 30 und den Februar mit 28 Tagen, »243 Tage mit jeweils 10 Millionen Jahren vergangen. Das sind 2430 Millionen Jahre, etwa zwei Drittel der Zeit. Das kann nicht sein!« Auf Maras Stirn hatte sich eine tiefe Furche gebildet und sie kaute auf ihrer Unterlippe herum. »Du vergleichst doch die Entwicklung des Lebens in den letzten 3650 Milliarden Jahren mit einem Jahr, in dem jeder Tag 10 Millionen Jahre dauert. Und durch dieses Jahr reisen wir jetzt. Am 1. Januar fängt alles an und am 31. Dezember müssten wir hier, das heißt im Heute, angekommen sein.« Sie beschrieb mit den Armen einen weiten Bogen und sah dabei über den Garten.

»Genau!«, bestätigte der Chloroplast, der ihrer Bewegung mit den Augen gefolgt war, »das wollte ich damit sagen.«

»Aber du bist schon beim 1. September angekommen«, sagte sie und Zweifel lag in ihrer Stimme.

»Damals war ich 2430 Millionen Jahre alt!«, rief der Chloroplast stolz.

Mara fuhr ernst fort:

»Zwei Drittel der Zeit sind seit der Entstehung schon vergangen und es gibt gerade mal einen kleinen Vielzeller im Wasser. Das Land ist noch so grau und leer wie zu Beginn deiner Geschichte. Du willst mir doch nicht erzählen, dass alles andere«, und wieder holte sie weit mit den Armen aus, »dieses Leben, diese Farben, diese ganze Vielfalt …« Mara verstummte, als würde sie ihre Umwelt zum ersten Mal bewusst wahrnehmen. Dann wandte sie sich wieder an den Chloroplasten: »... diese ganze Vielfalt in den letzten vier Monaten deines Jahres, also in 1220 Millionen Jahren, entstanden ist?«

»Doch, genau das will ich damit sagen«, wiederholte der Chloroplast.

Mara starrte ihn fassungslos an.

»Das musst du mir erklären. Wenn das stimmt, dann muss es einen Trick gegeben haben«, sagte sie herausfordernd.

Der Chloroplast grinste spitzbübisch übers ganze Gesicht.

»Du hast Recht! So, wie es bisher lief, ist diese schnelle Entwicklung nicht zu verstehen.«

»Wie geht der Trick?«, fragte Mara und beugte sich ganz nah zum Chloroplasten, so dass sie die feinen Linien in seinem Gesicht einzeln erkennen konnte.

»Sollen wir noch eine Zeitreise machen?«, schlug der Chloroplast vor. Und er kannte bereits die Antwort.

vor
3650–3600
3400
3200
3000
2800
2600
2400
2200
2000
1800
1600
1400
1200
1000
800
600
400
200
100
1–0
Millionen Jahren

4. Reise

Kühler Nebel umgab Mara und wieder wurde ihr schwindlig wie die Male zuvor. Als sie die Augen öffnete, schwebten sie über dem ruhigen Meer, in dem der kleine Volvox schwamm. Der Chloroplast beschleunigte den Zeitraffer. Die Volvoxe vermehrten sich und bedeckten bald die Wasseroberfläche wie ein grüner Teppich.

»Jetzt ist alles voller Volvoxe. Und nun?«, fragte Mara neugierig.

»Warte doch! Der Trick ist kompliziert.«

Mara lehnte sich über die Brüstung des Baumhauses und legte den Kopf auf ihre verschränkten Arme.

»Ich warte!«, grummelte sie ungeduldig.

»Siehst du den einen da unten, der so ein bisschen abseits von den anderen schwimmt?«

»Ja, was ist mit ihm?«

»Das ist der Volvox mit meiner Zelle. Bis jetzt hatten wir es immer geschafft, in eine Fortpflanzungszelle zu kommen, einige Zeit im großen Volvox zu leben und uns, wenn er gestorben war, zu einem neuen großen Volvox zu entwickeln.«

»Das ist nicht der Trick!«, beharrte Mara, aber der Chloroplast fuhr fort, ohne darauf einzugehen:

»Eines Tages teilte sich der Zellkern. Anders als sonst hatte er zuvor seine Perlenketten nicht verdoppelt. Und so hatten wir plötzlich zwei Kerne, die jeweils nur die Hälfte der Erbinformation dabei hatten. Seltsamerweise ging alles andere wie gewohnt: Das Mitochondrium und ich bekamen Enzyme zur Teilung und nachdem wir uns verdoppelt hatten, drängten wir uns in eine Hälfte der Zelle und das neue Mitochondrium und der neue Chloroplast in die andere. Die

Zelle schnürte sich ein und bald hingen wir mit diesem unvollständigen Zellkern an zwei Fäden im Innern des Volvox. Wir überlegten, welche Chancen wir mit der halben Erbinformation hätten. Aber die Zelle beteuerte, unsere Chancen wären gut, denn seit einiger Zeit lägen alle Baupläne in doppelter Ausführung im Zellkern vor. Diploid nannte sie das. Wir hatten also alle Baupläne für unsere Enzyme dabei. Sie wiederholte mehrmals, dass wir nach der Zellkernteilung immer noch einen haploiden Satz, also einen halben, aber kompletten Satz an Perlenketten dabei hätten. Sie wollte uns beruhigen, aber ihre Stimme zitterte und sie brach ab, als etwas Seltsames von außerhalb des großen Volvox auf uns zukam. Es durchquerte die Hülle des großen Volvox. Nun erkannten wir, dass es ein Zellkern war, so klein wie unserer. Allerdings hatte er ein Ruder.

›Woher bekommt es seine Energie?‹, flüsterte das Mitochondrium. ›Und wie macht es Zucker?‹, fragte ich.

Dieser Zellkern hatte weder ein Mitochondrium noch einen Chloroplasten bei sich. Zielstrebig schwamm er auf uns zu.

›Was will der von uns?‹, fragte das Mitochondrium.

›Zucker und Energie, was sonst?‹, vermutete ich.

Wir drängten uns an die Zellwand und beobachteten den Kern ganz genau. Dann ging alles sehr schnell. Er war ganz nah an unserer Zellwand und drang ein. Wir starrten den Eindringling an, der sich nun auf unseren Zellkern zubewegte. Beide Zellkerne öffneten ihre Hüllen und die Perlenketten quollen hervor. Es war genau so ein Chaos wie damals, als ich meine Kette an den Kern gab.

Nach und nach entwirrten sich die Abschnitte der Ketten und die Kerne waren sich nun so nah, dass sich diese Abschnitte wieder ineinander wickeln konnten. Auf diese Weise verband unser Zellkern seine Perlenketten mit denen des Eindringlings. Das Mitochondrium und ich starrten auf das Kettengewirr. Nun quetschten sich alle Ketten in unseren Zellkern, der nun wieder so groß war wie vor der letzten Teilung. Unter seiner Oberfläche rumorte es, als würde er alle Ketten in seinem Innern noch einmal neu ordnen.«

Der Chloroplast hatte sehr schnell gesprochen und hielt an dieser Stelle seiner Erzählung fast atemlos inne.

Mara wandte sich ihm zu.

»Ist das der Trick«, fragte sie, »dass der Zellkern neue Ketten bekommt?«

Der Chloroplast nickte.

»Ja«, antwortete er stolz, »das ist der Trick: die sexuelle Vermehrung. Dabei werden komplette Perlenketten zwischen zwei verschiedenen Lebewesen ausgetauscht und neu gemischt. Diese Perlenketten bringen sinnvolle Informationen und neue Eigenschaften mit. Vorher war das nur durch gefährliche Abschreibfehler und Mutationen möglich gewesen.«

»Das ist die sexuelle Vermehrung«, staunte Mara und grinste.

Der Chloroplast sah sie von der Seite an und fuhr fort:

»Dieser kleine Eindringling war die erste männliche Keimzelle, und die Zelle mit dem Mitochondrium und mir war die erste weibliche Keimzelle. Die Kerne verschmolzen und es entstand wieder eine Zelle mit doppelter Perlenkette für ein neues Individuum.«

Mara begann zu kichern.

»Die männliche Keimzelle hat nur Erbinformation, aber keine eigene Energie – wenn das die Jungs wüssten!«, prustete sie und bog sich fast vor Lachen. »Das muss ich meiner Freundin erzählen!«

Der Chloroplast sah sie erstaunt an. Als sie sich beruhigt hatte, fuhr sie fort:

»So habe ich das noch nie gesehen. Es ist so kompliziert, man verliebt sich und weiß nicht, ob der andere auch verliebt ist, oder?« Sie kicherte noch immer.

»Du hast Recht, das ist alles sehr kompliziert geworden

seit damals. Vor allem die Menschen machen ein riesiges Theater um die Sexualität. Dabei war sie für die Vermehrung gar nicht notwendig. Das ging bei den Einzellern durch Teilung und bei Volvox durch Abschnürung einer ungeschlechtlichen Fortpflanzungszelle. Aber nun hat jedes Lebewesen zwei Eltern, deren Erbanlagen sich bei der sexuellen Vermehrung vermischen und eine individuelle Perlenkette bilden.«

»Stimmt, vorher gab es gar keine Eltern.« Mara hatte aufgehört zu grinsen. »Da gab es auch einige Probleme weniger«, sagte sie sehr ernst. Und nach einer Weile fuhr sie fort:

»Vorher waren alle gleich, identische Kopien des Vorfahren. Jetzt aber hatte jedes Lebewesen seine individuelle DNA, eine Mischung aus den Eltern. Anders als bei der ungeschlechtlichen Fortpflanzungszelle von Volvox, die eine Kopie der Perlenkette von Volvox hatte. Ich verstehe das langsam«, sagte Mara nachdenklich.

»Es gibt Menschen, bei denen die DNA völlig identisch ist: die eineiigen Zwillinge. Sie ähneln einander wie die Einzeller, die sich durch Zellteilung vermehren. Während Zwillinge bei den Menschen selten vorkommen, gibt es bei den Einzellern Tausende identische Lebewesen, bis ein Abschreibfehler passiert«, erläuterte der Chloroplast.

»Es wäre entsetzlich, wenn alle Menschen die gleiche DNA hätten«, stieß Mara hervor, die sich ihren Pausenhof voller Schüler und Lehrer vorstellte, die alle gleich aussahen. »Der einzige Unterschied zwischen ihnen wäre das Alter. Grauenvolle Vorstellung!« Sie schüttelte sich.

»Es würde gar keine Menschen geben, auch keine höher entwickelten Tiere. Die Vielzeller wären ohne die sexuelle Vermehrung nie zu den Lebewesen geworden, die sie heute sind.«

Mara nickte nachdenklich und fragte schließlich:

»Und wie ging's weiter mit der neuen DNA?«

»In unserem Zellkern rumorte es noch eine Weile, dann wurde es ganz ruhig. Lange Zeit kamen keine Enzyme und wir machten uns ernsthafte Sorgen um unseren Zellkern. Wer wusste schon genau, was er da aufgenommen hatte. Das Mitochondrium schimpfte und auch ich machte meinem Ärger und meiner Angst Luft, bis die Zelle befahl: ›Ruhe jetzt, wir warten!‹ Sie erklärte uns, dass dieser Eindringling sehr interessante Informationen von einem anderen Volvox mitgebracht hätte, die unser Zellkern für uns nutzen konnte. Vorerst wäre allerdings nicht mit Enzymen zu rechnen. Wir warteten. Endlich kamen ein paar Enzyme und wir dachten sofort an Teilung. Wir wollten wieder ein Vielzeller werden. Es waren aber Enzyme für den Bau einer festen Wand, in der wir nun wie in einer Kapsel saßen. Wir dämmerten vor uns hin und hatten bald jedes Zeitgefühl verloren.

Irgendwann regte sich der Zellkern. Wir waren sofort hellwach, und als er die ersten Enzyme schickte, lächelte ich dem Mitochondrium erleichtert zu und es strahlte zurück. Wir verloren die enge Kapselwand, die uns umgab, und wuchsen zu einem neuen Volvox heran. Wir schwebten nicht mehr in dem großen Volvox. Er musste sich während unserer Ruhephase aufgelöst haben, aber in unserer festen Schale war uns nichts passiert.«

»Waren die Informationen für die feste Schale von dem anderen Volvox?«, fragte Mara.

»Ganz genau, und unser neuer Volvox war nicht mehr kugelrund, sondern flach«, erzählte der Chloroplast begeistert.

»Und was bringt das?«, fragte Mara, die den Vorgang vom Baumhaus aus beobachtete.

»Natürlich mehr Licht! Wir lagen von nun an flach wie eine Scheibe auf dem Wasser, nahmen wesentlich mehr Licht auf und hatten mehr Energie.«

»Das ist wirklich ein Vorteil! Und das alles hat diese kleine Fortpflanzungszelle mitgebracht?«, fragte Mara ungläubig.

»Ja, alles auf einmal. Unser Zellkern hat sich diese Informationen nur einverleibt. Ist das nicht toll?«

Mara nickte mit großen Augen und betrachtete die flachen, neuen Lebewesen im Meer.

»Und nun zeige ich dir, was das für die Entwicklung der Lebewesen auf der Erde bedeutete.«

Der Chloroplast beschleunigte den Zeitraffer. Das Schwindelgefühl, das Mara von den Hin- und Rückflügen kannte, machte sich in ihrem Kopf breit. Sie rasten mit hoher Geschwindigkeit durch die Zeit. Ein Sturm brach los, der Mara an jenen ihrer ersten Zeitreise erinnerte. Sie klammerte sich fest und starrte mit geweiteten Augen auf die Bilder, die so schnell vorbeiflogen, dass sie die Augen zukneifen und mit der Hand abschirmen musste, als wäre sie geblendet. Stürme tobten, Erdbeben türmten Gebirge auf und ließen andere im Meer verschwinden, Vulkane schleuderten riesige Massen von feurigen Steinen durch die Luft. Die Erde öffnete sich und meterbreite Gräben spalteten die steingrauen Ebenen. Ehe Mara sie genau betrachten konnte, fluteten tosende Wassermassen hinein. Sie hielt sich die Ohren zu, nahm ihre ganze Kraft zusammen und brüllte gegen das Getöse an. Als der Chloroplast den Zeitraffer anhielt, verstummte Mara, aber ihre Stimme echote noch durch die Stille. Sie spürte den Nachhall im Körper. Zitternd wandte sie sich zum Chloroplasten um. Der lächelte sie beruhigend an:

»Wir sind ein gutes Stück vorangekommen«, meinte er.

Mara schluckte.

»Wo sind wir jetzt?«, fragte sie benommen.

»Wir sind jetzt mitten im Oktober, also vor 750 Millionen Jahren. Schau!«, sagte er und sie folgte seinem Blick nach unten. Das Wasser war glasklar und der sandige Grund schien zum Greifen nah, obgleich er sicher in zwanzig Meter Tiefe lag. Am liebsten wäre sie hineingesprungen und bis zum nahe gelegenen Sandstrand geschwommen. Zum ersten Mal auf dieser Zeitreise hatte sie das Gefühl, auf der Erde und nicht auf einem fremden, unbewohnbaren Planeten zu sein. Doch ein Blick über die unendliche, kahle Landschaft machte ihr klar, wo sie war.

Sie hielt Ausschau nach den Volvoxen, als ihr Blick an einem eigenartigen Gebilde hängen blieb. Es steckte wie eine Feder mit dem Kiel nach unten im Meeresgrund, schimmerte in zarten Farben und wurde sanft von der Strömung gewiegt.

»Das ist Arborea«, flüsterte der Chloroplast.

Neben Arborea pumpten sich im Wasser runde, fast durchsichtige Quallen vorwärts, indem sie das Wasser unter ihrem pilzähnlichen Hut rhythmisch wegdrückten.

»Medusen!«, flüsterte der Chloroplast.

»Wie schön sie sind«, staunte Mara. Sie entdeckte nun immer mehr Lebewesen: kleine, schwebende Scheiben, manche gemustert wie Schnecken andere wie Spiralen. Sie drehten sich im Wasser, umspielt von federähnlichen Gebilden.

»Cyclomedusa und Tribrachidium«, hörte sie den Chloroplasten murmeln. Und zu der schwebenden Feder sagte er: »Dickinsonia.«

Diese Namen waren so bizarr wie die Organismen selbst, die sich in dieser stillen klaren Umgebung lautlos bewegten. Mara wiederholte leise die fremden Wörter und starrte gebannt auf die Wesen, die ganz unwirklich und zart in dem klaren Wasser schimmerten.

»Und dort!«, rief sie, als ein riesiger Pilzhut, an dessen Seiten lange Fäden hingen, majestätisch auf sie zukam und unter dem Baumhaus hinwegglitt. Mara spürte ein unangenehmes Kribbeln auf der Haut.

»Ob er uns sehen kann?«, fragte sie leise.

»Es kann wohl nur unseren Schatten wahrnehmen. Das ist das größte Lebewesen, das es zu jener Zeit gab. Das ist Ediacara, ein Tier.«

Mara riss den Kopf herum: »Aber ...?«

»Es ist ein Tier«, wiederholte der Chloroplast ganz ruhig.

»Aber ... wo kommen die denn plötzlich her?«, fragte Mara entgeistert.

»So plötzlich nun auch wieder nicht. Wir sind ganz schön weit gereist.«

»Stimmt!« Mara erinnerte sich an den atemberaubenden Flug durch die Zeit und holte tief Luft. »Trotzdem, wo kommen sie her?«, beharrte sie.

»Kannst du dich noch erinnern, als die Zelle durch ein Unwetter zu mir gespült wurde?«

»Natürlich!« Mara hatte sofort die glitzernde Wasserwand vor Augen.

»Sie war nicht ganz alleine. Es wurde noch eine zweite Zelle über diese Felswand gespült. Wir wussten damals nichts von ihr, sie hielt sich bei den Blaualgen auf. Um nicht zu verhungern, begann sie Blaualgen zu fressen. So überlebte sie die große Krise und vermehrte sich.«

»Sie hat Blaualgen gefressen?«

»Ja,«

»Oh!« Mara schluckte, sagte aber nichts mehr dazu und der Chloroplast fuhr fort:

»Ihre Nachkommen haben sich anders entwickelt als wir Pflanzen. Sie konnten die Sonnenenergie nicht nutzen und waren auf pflanzliche Nahrung angewiesen. Sie haben nur überlebt, weil sie schnell rudern und Jagd auf Blaualgen machen konnten. Sie mussten unendlich viele Blaualgen fressen, um satt zu werden. Ihre Zellwand war so dünn, dass sie die Blaualgen umfließen und vertilgen konnten. Sie lebten als Pflanzenfresser. Das waren die ersten Tiere.«

Mara hatte entsetzt zugehört.

»Dann hätte es doch immer weniger Blaualgen geben müssen. Das wäre uns doch aufgefallen«, sagte sie.

»Die Blaualgen können sich mithilfe der Sonnenenergie sehr schnell vermehren. Außerdem wären die Tiere selbst verhungert, wenn sie alle Blaualgen gefressen hätten. So stellte sich ein Gleichgewicht zwischen der Anzahl der Tiere und der Anzahl der Blaualgen ein und beide konnten fortbestehen.«

»Ein seltsames Gleichgewicht«, wunderte sich Mara, »und wie ging es weiter?«

»Die Tiere entwickelten sich zu Vielzellern wie unsere Zelle. Sie hatten das gleiche Problem bei der Fortpflanzung wie Volvox und gingen einen ähnlichen Weg. Sie bildeten Eizellen und Samenzellen für die sexuelle Vermehrung. Sie entwickelten sich von da an in großer Vielfalt, wie du siehst.«

»Und wo sind die Pflanzen?«, wollte Mara wissen.

»Hier, zurzeit von Ediacara, sind sie noch klein. Es gibt die verschiedensten Arten von Volvox.«

Mara hielt Ausschau nach den kleinen, grünen Kugeln, und plötzlich konnte sie viele von ihnen erkennen. Manche hatten Oberflächen, so glatt, als wären sie poliert, andere waren eingekerbt oder eingedellt, als hätten sie bereits viele Zusammenstöße hinter sich. Es gab verschrumpelte, bei deren Anblick sich Mara fragte, ob sie so alt waren, wie sie aussahen. Manche hatten große, andere kleine Augenflecken und alle schlugen mit ihren Rudern, um ans Licht zu kommen. Alle waren klein, verglichen mit den Tieren, aber ihre Vielfalt war groß. Mara war noch ganz in die Betrachtung dieser winzigen Pflanzen versunken, als plötzlich ein Ruck durch das Baumhaus ging. Der Zeitraffer! Sie reisten weiter, obwohl Mara noch gerne geblieben wäre. Sie hielt sich fest. Diesmal flogen sie nicht ganz so schnell durch die Zeit wie beim letzten Mal. Das Meer unter ihnen brodelte, weil sich die Organismen darin sehr schnell entwickelten. Immer wieder gab es Erdbeben. Glühende Gesteinsbrocken flogen durch die Luft, Lavaströme ergossen sich über das Land. Unaufhörlich veränderte sich die Welt, bis der Chloroplast den Zeitraffer anhielt.

»Das waren bestimmt wieder ein paar Millionen Jahre«, meinte Mara und der Chloroplast nickte.

»Wir haben den 1. November«, erklärte er.

»Dann sind wir zwei Wochen weiter gereist. Das sind 14 Tage mal 10 Millionen Jahre … 140 Millionen Jahre«, rechnete Mara, »mir ist ganz schwindelig.« Sie griff sich an den Kopf und fühlte kurz ihre Stirn, als wollte sie prüfen, ob sie Fieber hätte.

Der Chloroplast blickte ins Meer unter ihnen. Sie folgte seinem Blick.

Zentimeterdicke, rotbraune Triebe schwebten im Wasser, aus denen lange Streifen herauswuchsen. Sie bewegten sich mit der Strömung, schwammen entweder auf der Wasseroberfläche oder tauchten immer wieder unter.

Mara sah den Chloroplasten fragend an, ohne etwas zu sagen. Sie wollte die Ruhe, die über der Landschaft lag, nicht stören.

Er aber flüsterte:

»Das ist Tang.«

»Tang? Diese Meerespflanzen gibt es noch heute.« Mara betrachtete die rotbraunen Pflanzen, die den Blick auf den Meeresgrund verdeckten. Ein leichter Wind kam auf und trieb den Tang davon, so dass man wieder bis auf den Meeresgrund sehen konnte.

»Was schwebt denn da?«, fragte Mara. »Die sehen ja aus wie Würmer mit einem Panzer.«

Der Panzer bedeckte den Kopfteil der Tiere wie ein halbkreisförmiger Schild, erstreckte sich lang über den Körper und lief spitz wie ein Pfeil am Schwanz des Tieres aus. Wenn sie auf dem sandigen Grund aufkamen, schoben sie ihre kleinen Beine unter dem Panzer hervor und krabbelten los.

»Die haben ja mindestens 20 Beine, schau mal!«, rief Mara begeistert.

»Wenn das reicht! Das sind Trilobiten«, erklärte ihr der Chloroplast.

»Sie erinnern mich an Asseln. Und schau nur, sie können sich genauso einrollen wie Asseln.«

»Die Trilobiten sind die Vorgänger der Asseln.«

Mara beobachtete sie und sagte:

»Die sind irgendwie süß, findest du nicht?«

Der Chloroplast verzog das Gesicht:

»Na ja, süß ist vielleicht ein wenig übertrieben«, entgegnete er, aber Mara blieb dabei.

Sie beobachtete nun ein schneckenähnliches Tier, etwa zehn Zentimeter hoch, das sich gemächlich über den Meeresboden bewegte. Als ein kleiner Trilobit in seine Nähe kam, schleuderte es blitzartig mehrere Fangarme unter dem Schneckenhaus hervor, ergriff den Kleinen und hielt ihn fest umschlungen, obwohl dieser sich nach Kräften wehrte. Der Kampf dauerte nicht lange und das Opfer war verschlungen. Mara blieb der Mund offen stehen.

»Was war denn das?«, fragte sie entsetzt.

»Ein Ammonit. Viele von ihnen sind gefährliche Räuber. Sie fressen keine Pflanzen, sondern jagen Tiere. Es gibt Ammoniten in vielen Größen. Der da unten ist eigentlich klein. Später wurden sie riesig, ihre Gehäuse erreichten Durchmesser von etwa drei Metern.«

Mara war ganz blass geworden. Zum Schwimmen war dieses Meer nicht geeignet. Auch das nächste Tier, das an eine lang gestreckte Ameise mit zu vielen Beinen erinnerte, lud nicht gerade zum Baden ein. Es bewegte sich langsam auf dem Meeresgrund. Der dünne Körper war mit langen Stacheln bewaffnet und die vielen spitzen Beinchen stachen wie Nadeln in den Boden. Am Hinterteil des Tieres ragten noch dazu ge-

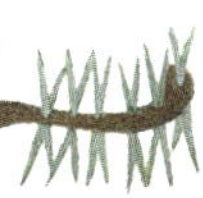

bogene Stacheln heraus, die jeden Angreifer abschrecken mussten.

Ein kalter Schauer lief über Maras Rücken, als das Tier seinen Kopf zum Baumhaus drehte und sie aus kleinen, dunklen Augen ansah.

»Kann es uns sehen?«, flüsterte sie ängstlich.

»Wahrscheinlich nur unseren Schatten, aber man weiß nie ...«, erwiderte der Chloroplast.

Sie atmete erleichtert auf, als es bedächtig unter ihnen hindurchstelzte, so als könnte ihm nichts und niemand etwas anhaben.

»Ist dieses Tier gefährlich?«, fragte Mara.

»Für dich nicht. Das ist Hallucigenia. Seltsam, nicht wahr?«

Mara nickte nur. Ihre Aufmerksamkeit wurde bereits von einem anderen, etwa zwanzig Zentimeter großen fremdartigen Tier gebannt. Sein ovaler, flacher Körper, der dem eines Fisches ähnelte, war von einem Panzer umgeben. Es hatte ein einfältig lächelndes Maul und am Hinterteil hielten ineinander geschachtelte, bewegliche Segmente eine breite Platte, die es als Ruder benutzte.

»Vetulicola«, flüsterte der Chloroplast.

Flink schwamm der Fisch über den sandigen Grund, umkreiste geschickt die hohen Stängel der Pflanzen und wich den Medusen aus, bis er abrupt kehrtmachte und schnell davonschwamm. Ein riesiger Schatten näherte sich. Es war ein etwa zwei Meter langes Tier, das wie ein Rochen dahinglitt. Aus seinem großen Kopf wuchsen gewaltige, gebogene Klauen heraus, die er nach dem Vetulicola ausstreckte. Der kleine Fisch aber hatte seinen Feind früh genug entdeckt und konnte rechtzeitig flüchten. Bedrohlich ruhig schwamm dieser Anomalocaris, so nannte ihn der Chloroplast, zum Meeresgrund hinunter. Dort krabbelte ein etwa fünfzig Zentimeter langer Trilobit. Als er den Schatten über sich bemerkte, rollte er sich zusammen. Doch der Anomalocaris ergriff den Trilobiten und zerquetschte den eingerollten Panzer mit seinen gewaltigen Klauen. Mara hatte das Gefühl, als würde es direkt neben ihrem Ohr knacken und knirschen. Dann schob sich der Anomalocaris die Beute in sein kreisförmiges Maul zwischen die unregelmäßigen Zähne.

Besorgt drehte sich Mara zum Chloroplasten um und fragte:

»Sag mal, wo bist du eigentlich in dieser Zeit?«

»Dort!«, rief er und deutete auf den nahe gelegenen Strand.

Sie flogen erst darauf zu und dann eine Weile am Meer entlang, bis sie zu einem Flussdelta kamen. Von der Unruhe in den tieferen Gewässern war hier keine Spur. In dem seichten Wasser gab es keine Tiere. Es wiegte sich in sanften Wogen.

Nur ab und zu rollte eine Welle heran und eine kleine, fein verzweigte Wasserpflanze, deren Enden verdickt waren, ragte knapp über die Wasseroberfläche hinaus. Mara konnte darin den Chloroplasten erkennen und freute sich, ihn zu sehen, auch wenn sie die Pflanze etwas mickrig fand. Er hingegen sah sie liebevoll an.

»Sie ist im Meeresgrund verankert, dadurch können wir nicht an Land gespült werden«, erklärte er Mara.

Am Ufer lag ein breiter Saum von vertrockneten Pflanzen, die auf den Sand und die Steine geschwemmt worden waren. Die großen Blätter, die einstmals von den Wellen getragen in der Sonne geglitzert hatten, lagen da wie alte, weggeworfene Lappen, dazwischen tote Trilobiten und halbverweste Fische.

»Wir wünschten uns damals, die ganze Erde wäre mit Wasser bedeckt. Dann hätten wir immer auf den Wellen dahintreiben können. Mit der Sonnenenergie hätten wir Zucker gemacht, ohne in der ständigen Angst leben zu müssen, elendig zu verenden – so wie all die Pflanzen da.« Er deutete auf das Ufer. »Aber es wurde immer trockener.«

Der Chloroplast beschleunigte den Zeitraffer. Das Meer wich weiter zurück und gab schlammiges Land frei. Der Fluss, dessen Delta über einen Kilometer breit gewesen war, führte immer weniger Wasser. Sein ursprüngliches, tief in den Boden eingegrabenes Bett wurde trocken und es blieben nur kleine Teiche und Tümpel darin übrig. Sie hatten ihre Verbindung zum Hauptstrom verloren und wurden fortan nicht mehr mit Wasser gespeist.

Wenn es nicht bald regnete, würde unausweichlich eine Wüste entstehen. Mara versetzte es einen Stich, als sie die vielen vertrockneten Pflanzen und Tiere an den freigelegten Ufern liegen sah. Ihre abgestorbenen Kadaver überzogen weite Teile der Landschaft und bedeckten den ausgetrockneten Boden mit einer staubigen Schicht.

In einem kleinen See entdeckte Mara einige dünne Stängel, die etwa zwanzig Zentimeter aus dem Wasser herausragten.

»Ich lebte damals in der Pflanze dort drüben, schau!«, sagte der Chloroplast und zeigte auf jene grünen Stängel.

Es war das erste Mal auf dieser Zeitreise, dass Mara etwas sah, das nicht vollständig unter Wasser war und trotzdem nicht vertrocknete.

»Deine Pflanze hat sich gar nicht verändert«, sagte Mara und dachte zugleich, wie mickrig sie doch noch immer war. Sie näherten sich der Pflanze, die mit ihren dünnen, fein verzweigten Stängeln ganz nah am Ufer wuchs. Am Ende der Zweige saßen jene kleinen Verdickungen. Und in einer solchen saß die Zelle. Mara konnte den Chloroplasten erkennen, der sich angeregt mit dem Mitochondrium unterhielt. Sie freute sich, ihn in seiner Zelle zu sehen, auch wenn sie ihm eine größere und eindrucksvollere Pflanze gewünscht hätte.

»Wir lebten in dieser Verdickung und konnten von dort aus

übers Meer schauen. Durch die feste Verankerung im Grund des Sees konnten wir nicht bei jedem Unwetter an Land gespült werden. Wir lebten dort sehr sicher.«

»Aber die Tiere hätten euch doch fressen können«, warf Mara besorgt ein.

»Unsere Pflanze besaß übel schmeckende Substanzen, deshalb wurde sie von den meisten Tieren gemieden. Gefährlich war es natürlich trotzdem, doch wir hatten Glück.«

»Wie heißen eigentlich diese Verdickungen am Ende der Stängel?«

»Das sind Sporenbehälter«, antwortete der Chloroplast und auf Maras fragenden Blick hin fuhr er fort:

»Sporen sind spezielle Fortpflanzungszellen. Sie enthalten nur die Hälfte der DNA, also nur den haploiden Chromosomensatz. Erinnerst du dich? Wenn die Sporen reif waren, fielen sie ins Wasser, trafen eine andere Fortpflanzungszelle, verschmolzen und wuchsen zu einer neuen Pflanze heran. Es war eine ruhige Zeit. Das Mitochondrium langweilte sich sogar hin und wieder. Wenn wir allerdings die zunehmende Trockenheit um uns herum beobachteten, überkam uns das Gefühl, es würde bald etwas Schreckliches passieren.«

Mara lehnte sich hinaus und betrachtete die kleine Pflanze.

Dunkle Wolken am Himmel tauchten die Landschaft in graues Licht. Ein Unwetter zog auf. Wind fegte über die Landschaft mit den kleinen Teichen und Tümpeln. Obwohl er immer stärker wurde, stand die Pflanze des Chloroplasten fest verwurzelt im Wasser. Kurz bevor der Wind abflaute, öffnete sich der Sporenbehälter und eine starke Böe riss die Spore des Chloroplasten mit aller Gewalt mit sich. Sie flog ans Ufer, prallte dumpf auf einen kleinen Felsen, rollte hin und her und landete schließlich in einer kleinen Grube auf einem Haufen verwesender Pflanzen und Tiere.

Mara hielt die Hand vor den Mund, um nicht laut aufzuschreien, als sie die winzige Spore da liegen sah.

»Was wird denn nun aus euch? Ihr habt ja nicht einmal einen kompletten Chromosomensatz dabei!«, rief sie aufgeregt.

»Wir hatten riesiges Glück. Es begann zu regnen und die verrotteten Pflanzen und Tiere wurden zum perfekten Nährboden, auf dem die Spore auskeimen konnte. Wären die Steine kahl und glatt gewesen, hätten wir hier keine Chance gehabt. So aber wuchsen wir zu einem kleinen, durchscheinenden Blatt heran. Wir lagen flach auf dem feuchten Boden.«

»Deine Pflanze sieht aber seltsam aus. Sie hatte doch vorher einen richtigen Stängel und war verzweigt«, wunderte sich Mara.

»Es war seltsam«, fuhr der Chloroplast fort, »meine Zelle lag in einer Mulde auf der Unterseite des Blattes. Wir warteten einfach ab. Die Zelle erklärte uns, dass wir zu einer geschlechtlichen Fortpflanzungszelle, einer Eizelle, geworden waren. Und wir fragten uns, ob es männliche Fortpflanzungszellen gab und wie sie zu uns gelangen konnten. Als wir noch im Wasser lebten, schwammen die männlichen Fortpflanzungszellen herum. Wie aber sollten sie sich an Land fortbewegen?

Es begann zu regnen, und es regnete so lange, bis unser Blatt vollkommen mit Wasser benetzt war. Auf dieser Wasserschicht schwammen plötzlich männliche Fortpflanzungszellen ohne Chloroplast und Mitochondrium umher. Eine davon durchdrang unsere Zellwand und unser Zellkern nahm seine DNA auf. Wir wuchsen zu einer richtigen Pflanze heran. Das kleine Blatt war ein Prothallium, es war sozusagen das Vorstadium zu unserer Pflanze. Alle Zellkerne im Prothallium enthielten nur die Hälfte der DNA, einen haploiden Chromosomensatz also.

Ein Teil der Zellkerne auf dem Prothallium bildete weibliche Fortpflanzungszellen in den Mulden aus und der andere

Teil männliche. Sie schwammen bei Regen zu den Vertiefungen, verschmolzen und wuchsen dann zu einer neuen Pflanze heran«, erklärte der Chloroplast das Geschehen unter ihnen.

»Mit einem Zellkern mit doppeltem Chromosomensatz. Ich verstehe, aber ist das nicht ein bisschen umständlich?«, fragte Mara.

»Hauptsache, es funktioniert. Und es funktionierte, solange es feucht genug war. Eine Trockenzeit hätten wir nicht überstanden. Zum Glück regnete es oft. Wir waren immer noch auf Wasser angewiesen, um uns zu vermehren.«

Mara beobachtete, wie aus dem kleinen Prothallium, das kaum einen Zentimeter maß, ein Stängel herauswuchs, der bald eine Höhe von etwa zwanzig Zentimeter erreicht hatte und an den fein verzweigten Enden verdickte Sporenbehälter trug.

Es war die erste Landpflanze! Weit entfernt vom Wasser stand sie ganz allein und streckte sich der Sonne entgegen.

Mara wurde warm ums Herz. Dieses kleine grüne Pflänzchen hatte es weit gebracht, und sie fühlte, dass sehr viel Kraft in ihm steckte.

»Rhynia heißt diese erste Landpflanze«, flüsterte der Chloroplast stolz.

»Wieso vertrocknet deine Pflanze nicht?«, fragte Mara und der Chloroplast zwinkerte ihr viel sagend zu.

»Wir hatten etwas Neues, eine Wachsschicht, von der die ganze Pflanze überzogen war.«

»Was ist daran so toll?«, wollte Mara wissen.

»Diese Wachsschicht schützte uns vor dem Austrocknen. Sie heißt Kutikula«, fügte er zärtlich hinzu.

»Wie praktisch«, sagte Mara, »wie eine Folie, die deine Pflanze dicht umschließt.«

Der Chloroplast überlegte eine Weile, dann fuhr er fort:

»Vollkommen dicht war sie nicht, denn sonst hätten wir ein Problem gehabt. Durch diese Wachsschicht konnte nämlich kein Kohlendioxid in die Pflanze gelangen, so dass wir schließlich verhungert wären. Zum Glück hatte sie einige spaltförmige Öffnungen, durch die genug Kohlendioxid für die Photosynthese eindrang.«

»Durch diese Öffnungen habt ihr aber auch Wasser verloren, oder?«, überlegte Mara.

»Ja schon, man konnte sie aber schließen, wenn es sehr trocken war«, erklärte der Chloroplast.

»Und dann kam kein Kohlendioxid herein?«, fragte Mara besorgt.

»Genau, das war das Dilemma an Land. Entweder hatten wir genug Wasser, dafür aber kein CO_2, oder wir hatten genug CO_2, um Zucker herzustellen, verloren aber Wasser.«

Mara sah ihn mit zusammengezogenen Augenbrauen an.

»Verhungern oder verdursten«, schlussfolgerte sie nachdenklich.

»Aber wir waren an Land, das hatte Vorteile. Wir bekamen nun so viel Licht, wie wir wollten!«

»Was war mit den Wurzeln?«, warf Mara ein. »Wie haben sie sich ernährt? Sie bekamen doch kein Licht.«

»Die Wurzeln wurden von über dem Erdboden wachsenden Pflanzenteilen miternährt. Direkt neben den Leitungen für das Wasser lagen Leitungen, in denen der Zucker von den Stängeln zu den Wurzeln gelangte. Denn sie brauchten Nährstoffe und Energie, um tief in den Boden wachsen zu können. Sie mussten die Pflanze doch festhalten und an das Wasser tief im Boden herankommen.« Er wandte sich Mara zu und sah sie mit großen Augen an. Sie rutschte ein wenig näher zu ihm heran.

»Das Wasser im Boden«, sprach er leise weiter, »war ganz besonders. Je näher unsere Wurzeln durch die organische Substanz hindurch an den felsigen Untergrund heranreichten, desto mehr Mineralien konnten sie mit dem Wasser aufnehmen. Das Meerwasser und auch das Wasser aus den Teichen enthielt nur wenige Mineralien. Jetzt waren wir weitaus besser versorgt.«

»Das sind aber viele Neuerungen.« Mara betrachtete voller Bewunderung die kleine Pflanze, während der Chloroplast weitererzählte:

»Unser Zellkern hat lange kombiniert und bei jeder Vermehrung die hinzukommende DNA aufgenommen. Bereits im Wasser hatten wir Wurzeln, Wasserleitbahnen und eine Kutikula. Sonst hätten wir diesen Schritt nicht geschafft.«

»Und nun wart ihr an Land«, flüsterte Mara, »vor ...«, sie sah den Chloroplasten an, der ihren Satz sofort vervollständigte:

»Vor 400 Millionen Jahren. Wir haben 3250 Millionen Jahre gebraucht, um so weit zu kommen. Es ist jetzt Anfang Dezember in unserem Jahr.«

»Dann sind wir seit Volvox 750 Millionen Jahre unterwegs.« Mara fühlte sich erschöpft. Auch der Chloroplast sah müde aus.

»Wollen wir zurückfliegen?«, fragte er und Mara nickte zustimmend.

Und schon spürte sie den kühlen Nebel, schloss die Augen und öffnete sie wieder, als sie nach kurzem Flug den Ruck spürte, mit dem das Baumhaus in der alten Eiche landete.

»Treffen wir uns wieder?«, fragte sie leise.

»Morgen. Komm so früh wie möglich, ich möchte dir viel zeigen.«

»So früh wie möglich«, versprach Mara.

Der Chloroplast verschwand im Grün seines Blattes. Mara stieg die Leiter hinunter und ging aufs Haus zu. Mit dem Bild der kleinen Rhynia im Kopf, die ganz allein in der kahlen Landschaft stand und ihre dünnen Arme der Sonne entgegenstreckte, betrachtete sie den Garten. Das dichte Laub der Bäume, das saftige Gras der Wiese und die kräftigen Farben der Sommerblumen lagen in einer Pracht vor ihr, die sie bisher nicht wirklich wahrgenommen hatte.

Ob sich das alles aus dieser Rhynia entwickelt hat?, fragte sie sich und ging auf die Terrasse zu. Thea winkte ihr vom

Wohnzimmer aus. Sie begleitete noch einen Klavierschüler zur Tür und setzte sich dann zu ihr auf die Hollywoodschaukel.

»Morgen kommt Richard zum Mittagessen«, berichtete sie hoch erfreut.

»Richard?«, fragte Mara enttäuscht. Der hatte ihr gerade noch gefehlt!

Thea sah sie von der Seite an und sagte:

»Du scheinst dich nicht sehr zu freuen!«

»Doch, doch«, entgegnete Mara höflich, »aber er versteht sich doch eigentlich besser mit meinem Bruder.« Und sie musste unwillkürlich daran denken, wie gekränkt sie häufig gewesen war, wenn ihr Bruder und Richard sie links liegen gelassen hatten.

»Ich erinnere mich, wie du oft versucht hast, mit den beiden etwas zu unternehmen, und sie gar keine Notiz von dir genommen haben.«

Mara sah Thea erstaunt an.

»Genau!«, bestätigte sie mürrisch.

»Aber ihr werdet es trotzdem schaffen, hier an einem Tisch zu sitzen und mit mir Mittag zu essen. Ich freue mich nämlich, dass er kommt.« Dabei stieß sie Mara mit dem Ellbogen in die Seite.

In Maras Gesicht konnte man nur zu deutlich die Frage ablesen: Muss das sein? Schließlich gab sie sich einen Ruck, stieß Thea zum Zeichen des Einverständnisses nun ihren Ellbogen leicht in die Seite und sagte:

»Klar doch, wir sind doch fast erwachsen, oder?«

»Ich weiß nicht«, entgegnete Thea, »Richard ist jetzt 23 Jahre alt.«

Mara sagte grinsend:

»Dann besteht ja Hoffnung, dass er vielleicht ein wenig zuvorkommender ist als früher.«

»Gib ihm eine Chance!«, bat Thea und grinste zurück. Dann ging sie in die Küche und holte Limonade.

Am Abend spielte Thea ihr eine Sonate von Beethoven vor. Bald darauf ging Mara zu Bett. Am nächsten Morgen schlief sie lange. Nach dem Frühstück half sie beim Kochen. Das dauerte eine ganze Weile und Mara schaffte es gerade noch, vor dem Essen ins Baumhaus zu kommen. Sie hastete die Leiter hinauf.

»Hallo Mara«, hörte sie den Chlorplasten schon rufen.

Lächelnd wandte sie sich ihm zu.

»Ich kann heute leider gar nicht lange bleiben«, sagte sie mit Bedauern in der Stimme. »Heute Mittag kommt Besuch und ich habe meiner Tante versprochen, zum Mittagessen zurück zu sein.«

»Wir reisen trotzdem. Ich bringe dich rechtzeitig wieder nach Hause!«

»Okay!«, stimmte Mara erleichtert zu.

vor
3650–3600
3400
3200
3000
2800
2600
2400
2200
2000
1800
1600
1400
1200
1000
800
600
400
200
100
1–0
Millionen Jahren

5. Reise

Sofort spürte sie den kühlen Reisenebel, und schon waren sie da.

Rhynia stand alleine in ihrer flachen Grube und streckte die dicken Sporenbehälter auf ihren dünnen Stängeln der Sonne entgegen. Die Luft war feucht, als hätte es gerade erst aufgehört zu regnen, und ein leichter Wind strich über die stille Landschaft. Plötzlich platzten die Sporenbehälter auf und der Wind vom Meer trug die Sporen weit ins Land hinein.

»Ein neuer Flug ins Ungewisse«, flüsterte der Chloroplast, »aber diesmal hatten wir keine so große Angst wie beim ersten Mal.«

Die Sporen landeten in kleinen Schlammkuhlen, Sand wehte darüber, und sobald es regnete, keimten sie aus und viele Prothallien bedeckten den Boden. Kurze Zeit später ragten grüne Spitzen heraus, die schnell zu Rhynias heranwuchsen.

Mara blieb der Mund offen stehen. Erst war es nur ein recht überschaubarer Bestand von dünnen Pflänzchen, die Sporenbehälter bildeten. Sie schleuderten ihre Sporen heraus und neue Rhynias wuchsen. Bald schon standen sie überall, so weit Mara sehen konnte. Es ging immer schneller. Mit jedem Sporenbehälter, der seine Sporen in die Luft schleuderte, verdichtete sich das Grün und der Chloroplast war immer ganz vorne dabei.

»Sag mal, wie viele Chloroplasten gibt es hier eigentlich?«, fragte Mara fasziniert.

»Unzählige, in allen Zellen sind sehr viele. Jede Pflanze besteht aus vielen Zellen und das musst du alles miteinander

vor
3650–
3600
3400
3200
3000
2800
2600
2400
2200
2000
1800
1600
1400
1200
1000
800
600
400
200
100
1–0
Millionen
Jahren

multiplizieren. Unzählige Chloroplasten, wie gesagt«, erwiderte der Chloroplast.

»Und Mitochondrien?«, wollte Mara weiter wissen.

»Genauso viele. Die Zellen brauchen viele Mitochondrien, um genügend Energie umzusetzen. So eine Pflanze braucht einiges.«

»Und diese Chloroplasten stammen alle von dir ab?«

Der Chloroplast nickte stolz.

»Von mir ganz allein, und die Mitochondrien stammen von meinem Mitochondrium ab. Wir haben uns stark vermehrt!«

Mara sah ihn voller Bewunderung an.

Nach einiger Zeit starben die alten Pflanzen. Sie brachen um und wurden zersetzt. So bildeten sie den Boden für die nächsten Pflanzen. Diese Schicht wurde immer dicker und die Pflanzen konnten sich immer besser mit ihren Wurzeln darin verankern.

Mit den Worten »Pass gut auf!« beschleunigte der Chloroplast den Zeitraffer und Mara sah angestrengt hinunter.

Die Pflanzen besiedelten die Ebenen, und Rhynia begann, sich nach und nach zu verändern. An ihren mageren Stängeln entwickelten sich kleine, dicht aneinander gereihte Blätter. Bald sahen die Pflanzen nicht mehr aus wie die kleine Rhynia.

»Das sind Bärlappgewächse«, flüsterte der Chloroplast.

Andere Pflanzen sahen aus, als würden sie einen Sprossabschnitt nach dem nächsten ineinander stecken. An den dadurch entstehenden Knoten entsprangen lange, zartgrüne Wedel.

»Schachtelhalme«, erklärte der Chloroplast flüsternd.

Die Pflanzen bedeckten die Erde mit einem grünen Teppich, der nicht mehr zu vergleichen war mit den spärlichen Halmen, die den Weg an Land vorbereitet hatten.

»Wo bist du in dieser Zeit?«, fragte Mara, als der Chloroplast den Zeitraffer anhielt.

Er zwinkerte ihr zu und sie flogen einen

Flusslauf entlang landeinwärts. Ein dunkelgrünes Band säumte die Flussufer. Dicht an dicht standen die Pflanzen, die sich Mara nun genauer ansah. Aus einem Wirbel am Boden entsprangen lange, schlanke Sprossachsen, überzogen von Tausenden feiner Blättchen. Die breiten Wedel waren zu großen Kelchen geformt, die in verschiedenen Grüntönen glänzten.

»Das sind die schönsten Farne, die ich je gesehen habe«, staunte Mara. In dem Moment wurde ihr bewusst, dass diese Farne die ersten Pflanzen waren, die ihr auf dieser Erde bekannt vorkamen. »Sie sind so zart und fein, ich bin nicht sicher, ob ich genau solche schon mal gesehen habe.«

»Hast du nicht. Sie waren zu zart, zu schön, sie haben nicht überlebt«, sagte der Chloroplast traurig.

»Wolltest du mir diese Farne zeigen?«, fragte Mara.

»Auch, aber eigentlich wollte ich dir noch eine ganz besondere Erfindung zeigen«, sagte der Chloroplast und betonte die letzten Worte.

»Zeig schon«, entgegnete sie gespannt.

»Halt dich fest«, empfahl er ihr und beschleunigte den Zeitraffer. Mara klammerte sich an die Bank. Sie reisten langsamer, als sie befürchtet hatte. Die Veränderungen auf der Erde waren erstaunlich. Die grünen Wedel der Farne erhoben sich über den Boden. In unheimlicher Geschwindigkeit reckten sie sich empor. Der Boden war nicht mehr zu sehen, so dicht gedrängt standen sie. Auch die Bärlappgewächse hoben ihre grünen Blättchen hoch über den Boden und wuchsen zu riesigen Pflanzen heran.

»Wieso schießen die so schnell in die Höhe? Wie machen die das?«, fragte Mara

Das Baumhaus flog auf eine Lichtung zu und sank ein wenig, so dass Mara die Stämme der Bäume erkennen konnte.

»Baumstämme! Ist das die Erfindung, die du mir zeigen wolltest?«

»Das Holz oder genauer: das Lignin. Das ist der Stoff, aus

dem Holz aufgebaut ist. Nur mithilfe des harten Holzes konnten sich die Pflanzen über den Boden erheben und der Sonne auf diese Weise näher kommen. Diese riesigen Schachtelhalme, Schuppen-, Siegel- und Bärlappbäume ragten über andere Pflanzen hinaus. Viele Tiere kamen nicht mehr an die Blätter heran, um sie zu fressen.«

Mara schaute in den Wald hinein. Er war dunkel. Dichter Nebel verdeckte den Blick ins Innere. Sie konnte nur ahnen, wie es darin aussah.

»Wie weit sind wir jetzt geflogen?«, wollte sie wissen.

»Etwa 60 Millionen Jahre.«

»60 Millionen Jahre, das sind – lass mich mal nachrechnen – sechs Tage in unserem Jahr. Das ist gar nicht so lange, wenn man bedenkt, was hier alles passiert ist.« Sie sah sich staunend um.

»Die Erde wurde schnell von Pflanzen überzogen, nachdem sie es einmal geschafft hatten, an Land zu kommen.«

Mara war vertieft in den Anblick dieser seltsamen Welt. Die Farne waren ihr bekannt vorgekommen, aber solche Bäume hatte sie noch nie gesehen.

»Gibt es diese Bäume noch?«, fragte sie und der Chloroplast bewegte nachdenklich den Kopf von links nach rechts.

»Ja und nein. Sie wachsen nicht mehr auf der Erde, existieren aber noch in anderer Form. Im Laufe von vielen Millionen Jahren sind ihre Überreste zu Steinkohle geworden.«

»Zu Steinkohle?«

»Ja, die Menschen bauen sie in Bergwerken ab und verbrennen sie. Die Energie, die dabei entsteht, ist jene, die diese Pflanzen aus dem Sonnenlicht entnommen und in ihrem Holz gespeichert haben. Und das CO_2, das sie aufgenommen haben, wird wieder freigesetzt.«

»Die Sonnenenergie von damals«, murmelte Mara, »das ist ja toll!« Sie blickte in den Himmel und dann auf das üppige Grün.

»Diese Pflanzen hier haben es gut«, sagte sie nach einer Weile. »Ich habe im Radio gehört, dass es auf der Erde jetzt einen Treibhauseffekt gibt, weil die Menschen zu viel Kohle verbrennen und zu viel Auto fahren. Es hieß, das sei für die Lebewesen sehr gefährlich. Hier gibt es so etwas noch nicht, weil es noch keine Menschen gibt, oder?«

Der Chloroplast sah sie verwundert an.

»Natürlich gibt es hier einen Treibhauseffekt, es wäre schrecklich, wenn es keinen gäbe!«, sagte er.

»Aber im Radio hieß es, der Treibhauseffekt bedrohe das Klima und das Leben auf der Erde.«

»Ohne den Treibhauseffekt gäbe es gar kein Leben auf der Erde«, erklärte ihr der Chloroplast, und Mara sah ihn verwundert an. Der Bericht im Radio ging ihr noch einmal durch den Kopf. Es hieß, dass der Treibhauseffekt immer stärker würde, so dass die Temperatur auf der Erde ansteigt. Die Politiker vieler Länder versuchten die CO_2-Konzentration bis zum Jahre 2015 um 15 Prozent zu senken.

»Was ist denn eigentlich dieser Treibhauseffekt?«, wollte Mara nun wissen.

Der Chloroplast zwinkerte ihr zu und lenkte das Baumhaus auf eine weite Ebene, die sich wie eine Platte bis zum Horizont hinzog.

»Gibt es hier den Treibhauseffekt?«, fragte Mara mit Blick auf die Ebene.

»Ich zeig es dir«, sagte der Chloroplast und Mara sah hinaus ins Sonnenlicht. Sie kniff die Augen zusammen und konnte plötzlich kleine Spiralen herumhüpfen sehen. Sie kamen ihr bekannt vor, es waren die Luftschlangen von der Sonne. Hier auf der Erde sah es aus, als würden die Federn aus unzähligen Kugelschreibern auf den Boden springen und wieder in die Luft schnellen. Einige der Spiralen waren eng gedreht, andere sahen aus, als hätten sie jegliche Spannung verloren. Mara beugte sich weiter hinaus und versuchte einzelne Spiralen mit den Augen zu verfolgen. Die eng aufgezogenen Spiralen kamen von weit oben. Sie sausten durch die vielen CO_2- und O_2-Moleküle in der Luft hindurch und schlugen mit voller Wucht auf dem Boden auf, um sofort wieder in die Luft zu schnellen. Nun waren sie ausgeleiert und hatten an Schwung verloren. Auf ihrem langsamen Weg nach oben wurden sie wieder und wieder von den Molekülen in der Luft zurückgeworfen und schlugen auf dem Boden auf, bis sie schließlich einen Weg durch die Moleküle fanden und in den Weltraum entweichen konnten.

»Diese Spiralen sind die Wärmestrahlen der Sonne«, erläuterte der Chloroplast das Treiben und beobachtete lachend, wie Mara versuchte, den Strahlen zu folgen, und dabei den Kopf bewegte, als verfolge sie ein schnelles Tennisspiel, bei dem die Bälle von oben nach unten flogen.

»Was ist denn so komisch?«, fragte sie.

Der Chloroplast imitierte ihre Kopfbewegung und Mara musste auch lachen.

»Wer Sonnenstrahlen beobachten will, muss eben schnell sein«, grinste sie, »das ist vielleicht ein Durcheinander mit diesen Strahlen. Die finden kaum ihren Weg in den Himmel zurück, weil die Moleküle in der Luft sie immer wieder zurückwerfen.«

»Ein Durcheinander, so könnte man es nennen«, stimmte der Chloroplast zu.

Mara kniete sich auf die Bank und legte beide Hände auf die Brüstung.

»Das sind doch Lichtstrahlen, oder?«, fragte sie.

»Nein, es sind Wärmestrahlen«, korrigierte sie der Chloroplast.

»Sind die ungefährlich?«, wollte Mara wissen und streckte eine Hand hinaus, als prüfe sie, ob es regnet. Die Strahlen prallten von ihrer Handfläche zurück.

»Das ist ein tolles Gefühl!« Sie streckte auch die andere Hand hinaus. »Die Strahlen kitzeln auf der Haut.«

»Das kommt dir nur so vor, weil du sie sehen kannst. Wärmestrahlen kitzeln nicht auf der Haut.«

»Wahrscheinlich hast du Recht«, kicherte Mara, »aber mir kommt es trotzdem so vor.« Sie drehte ihre Hände, die ganz warm wurden, und lachte, als würden die Strahlen sie tatsächlich kitzeln.

»Deine Hände werden warm, weil diese Strahlen jedes Mal ihre Wärme abgeben, wenn sie auftreffen.«

»Sind sie deshalb so ausgeleiert und verbogen, wenn sie abprallen?«

»Ja, und weil sie dann weniger Schwung haben, kommen sie an den Molekülen in der Luft kaum noch vorbei und werden von den CO_2s zurückgeworfen, deshalb gibt es dieses Durcheinander, wie du es nennst. Es ist für die Temperatur auf der Erde sehr wichtig. Würden die Strahlen der Sonne nur einmal auftreffen und dann gleich wieder in den Weltraum zurückfliegen, würden sie ihre Wärme nur ein einziges Mal an die Erde abgeben. Dann hätten wir hier eine Temperatur von minus 18 Grad Celsius.«

Mara sah ihn verblüfft an.

»Das ist aber verdammt kalt, da gäbe es gar kein Leben!«, sagte Mara und der Chloroplast nickte.

»Weil die Moleküle die Wärmestrahlen in der Atmosphäre aber mehrmals auf die Erde zurückwerfen, geben sie ihre Wärme auch mehrmals ab. Deshalb hat die Erde eine durchschnittliche Temperatur von plus 15 Grad.«

»Das klingt viel angenehmer. Ich habe aber immer noch nicht verstanden, was das mit einem Treibhaus zu tun hat. Das ist doch ein Haus aus Glas, in dem man Gemüse anpflanzt.«

»In so ein Haus aus Glas kommen die energiereichen Wärmestrahlen hinein, treffen auf den Boden oder die Pflanzenoberflächen, prallen ab und fliegen wieder gegen die Glasscheiben. Die spannungslosen Strahlen, die nicht mehr so viel Energie haben wie vor dem Aufprall, schaffen es nicht mehr, durch das Glas hinauszugelangen. Sie sind zu schwach, werden wieder in das Haus hineingeschleudert und geben somit ihre Wärme mehrmals an die Oberflächen ab. Und so heizt sich das Haus auf«, erklärte der Chloroplast.

»Das kenne ich, das ist wie in einem Wintergarten oder in einem Auto das in der Sonne steht. Aber was hat das mit der Erde zu tun?«

»Die Erde musst du dir vorstellen wie ein Glashaus, statt des Glases hat sie aber ein ›Dach‹ aus Molekülen. Diese Moleküle werfen die Strahlen immer wieder zurück.«

Mara nickte.

»Und warum haben die im Radio gesagt, dass der Treibhauseffekt so gefährlich ist?«, fragte sie.

»Weil er sich in den letzten hundert Jahren deiner Zeit verstärkt hat. Die Menschen verbrennen Steinkohle, Erdgas und Öl. Dabei wird das CO_2 frei, das die Pflanzen vor vielen Millionen Jahren bei der Photosynthese aufgenommen und in ihr Holz eingebaut haben. Und je mehr CO_2 in der Luft ist, desto mehr Strahlung wird zurückgeworfen, so dass die Erde immer wärmer wird.«

»Dann gibt es neben dem natürlichen Treibhauseffekt einen, der von den Menschen gemacht ist. Und so erwärmt sich Erde stärker als nötig. Wobei ich ehrlich sagen muss, plus 15 Grad ist gar nicht so warm, ich habe es gern noch ein bisschen wärmer«, sagte Mara und sah nach draußen. Die Strahlen waren nicht mehr zu sehen.

»15 Grad ist die Durchschnittstemperatur«, fuhr der Chloroplast fort, »das heißt, wenn es irgendwo 30 Grad warm ist, muss es anderswo 0 Grad kalt sein, damit die Durchschnittstemperatur gleich bleibt.«

»Ach so!«, überlegte Mara, »und wenn die Durchschnittstemperatur um, sagen wir mal, 5 Grad steigt, dann wird es überall 5 Grad wärmer – auch am Nordpol.«

»... und am Südpol«, ergänzte der Chloroplast.

»... und auf den Alpen«, fügte Mara hinzu.

»Und dann schmelzen die Gletscher.« Der Chloroplast verdrehte dramatisch die Augen.

»Für die Pflanzen im Gebirge wird es dann wärmer!«, freute sich Mara.

»Für alle Pflanzen auf der Erde wird es wärmer und sie haben mehr CO_2 für die Photosynthese. Sie können schneller wachsen. Die Laubbäume behalten die Blätter länger am Baum und andere Pflanzen blühen länger. Sie haben einige Vorteile, wenn der Treibhauseffekt stärker wird.«

»Und die Menschen?«, fragte Mara leise.

»Die Menschen«, wiederholte der Chloroplast und machte ein besorgtes Gesicht. »Wenn das Eis am Nordpol und am Südpol schmilzt, steigt der Wasserstand der Meere an. Bis zu 30 Zentimeter ist er bereits gestiegen. Stürme nehmen zu und es regnet stärker, Flüsse treten über ihre Ufer und das Land wird überschwemmt. Keller laufen voll Wasser.«

»Das ist alles schon passiert, das Wasser stand meterhoch in den Straßen, viele Häuser sind kaputtgegangen. Es war furchtbar für die betroffenen Menschen. Und früher gab es so etwas nicht?«

»Natürlich gab es auch früher Überschwemmungen, aber es gab keine Menschen und keine Häuser«, erwiderte der Chloroplast.

»Keine Menschen«, murmelte Mara und setzte sich auf die Bank. Das Baumhaus flog wieder auf den üppigen Wald zu.

»Dann war noch nie ein Mensch hier?«

Der Chloroplast schüttelte den Kopf. Mara holte tief Luft und fragte leise:

»Könnten wir mal landen?«

Der Chloroplast sah sie daraufhin so seltsam an, dass sie schnell sagte:

»Es war nur so eine Idee, ich wäre zu gerne mal in diesen Wald hineingegangen.«

»Ich bin nicht sicher, ob du das tun solltest. Ich weiß nicht, was passiert, wenn du etwas berührst.«

Mara sah ihn bittend mit großen Augen an.

»Ich werde nichts berühren und komme auch sofort zurück.«

Der Chloroplast runzelte die Stirn, sah in den Wald hinunter und dann zu Mara.

»Bestimmt nicht!«, bettelte sie. »Ich bin ganz vorsichtig.«

»Du musst auf jeden Fall in der Nähe des Baumhauses bleiben! Das musst du mir fest versprechen!«

Mara hob die rechte Hand wie zum Schwur. Der Chloroplast sah erneut auf den Wald, als wollte er herausfinden, wie gefährlich es für Mara werden könnte. Er zögerte.

»Bitte«, sagte sie, »nur ein einziges Mal!«

Das Baumhaus begann zu sinken und setzte mit einem Ruck auf dem Boden auf. Sie waren auf der Erde vor fast 340 Millionen Jahren gelandet.

Mara holte tief Luft und sah den Chloroplasten an. Er nickte ihr zu und beschwor sie noch einmal, in der Nähe zu bleiben. Sie erhob sich, ging vorsichtig zu der Öffnung, an der sonst die Leiter angebracht war, und setzte sich auf die Türschwelle. Direkt vor ihr wuchsen zarte Farne. Sie streckte die Hand aus, berührte die feinen Blätter aber nicht. Sie war unsicher und zögerte. Dann stellte sie einen Fuß auf den weichen Boden und sank ein. Schnell zog sie ihren Fuß zurück. Sie sah in den Nebel hinein und wollte schon aufgeben. Ein zweiter Versuch zeigte, dass der Boden nur wenige Zentimeter nachgab und sie dann festen Grund unter den Füßen hatte. Sie stellte sich direkt vor das Baumhaus und lauschte. Ein gleichmäßiges Summen hing in der Luft. Sie hätte nicht sagen können, aus welcher Richtung es kam. Die Feuchtigkeit legte sich wie ein Schleier

auf ihre Haut. Sie atmete die leichte Luft tief ein. Alles um sie herum war in ein sattes, feuchtes Grün getaucht.

Vorsichtig ging sie ein paar Schritte in den dunklen Wald hinein. Direkt über ihr erhoben sich die dicken Stämme der Baumfarne und Bärlappbäume. Lianenähnliche Seile hingen zwischen ihnen. Am Boden wucherten wundervolle Farne. Sie sah nach oben in die Kronen. Man hätte mindestens im 15. Stock eines Hauses wohnen müssen, um in sie hineinschauen zu können. Sie starrte so lange hinauf, bis ihr der Nacken wehtat. Sie verschränkte ihre Hände hinter dem Kopf, um weiterhin nach oben sehen zu können. Es knackte ganz leise in den hohen Kronen und einer der langen Farnwedel löste sich vom Stamm. Wie in Zeitlupe bog er sich herab und fiel schließlich auf darunter hängende Lianen, wo er liegen blieb. Am Stamm hinterließ er eine rautenförmige Narbe. Mara war nun klar, wie die gleichmäßigen Muster an den Stämmen der hoch gewachsenen Baumfarne entstanden waren.

Plötzlich raschelte es am Boden. Erschrocken sah sie nach unten. Ein Augenpaar war auf sie gerichtet. Es gehörte einem braun gescheckten Lurch, sein plumper Körper war etwa einen Meter lang. Mara erstarrte, in Gedanken versuchte sie abzuschätzen, wie schnell er sich wohl auf seinen kurzen, seitlich abstehenden Beinen bewegen konnte. Sein Maul war noch geschlossen. Sollten sich dahinter gefährliche Reißzähne verbergen, war sie vermutlich verloren. Sie war unfähig, sich zu bewegen, und starrte das Tier an, bis es schwerfällig kehrtmachte und ins Dickicht zurückkroch.

Sie verharrte noch einige Sekunden, dann wandte sie sich zum Baumhaus. Sie achtete auf jeden Schritt, so dass sie nicht sehr schnell vorwärts kam. Wieso war sie nur so weit weggegangen, sie hatte es gar nicht bemerkt.

Plötzlich wurde das Summen hinter ihr lauter und lauter. Sie drehte sich um. Eine riesige Libelle kam direkt auf sie zu. Die schillernden Flügel spannten so weit wie Maras Arme, wenn sie sie ausstreckte. Das Tier schien sie nicht zu sehen. Im letzten Moment warf sich Mara mit einem lauten Schrei auf den Boden. Die Libelle rauschte über sie hinweg. Mara sah ihr nach, wie sie geschickt durch das Dickicht steuerte. Dann sprang sie auf, raste zurück zum Baumhaus und hechtete hinein, die Arme schützend über ihren Kopf gelegt. Ihr Herz schlug bis zum Hals, sie war völlig außer Atem und wagte nicht, den Chloroplasten anzusehen.

»Das war wirklich gefährlich! Das war eine Riesenlibelle!«, schrie er genauso aufgeregt wie sie. »Ihre Flügel hätten dir den Kopf einschlagen können. Ich hätte das niemals zulassen dürfen!«

»Ich bin schuld, schließlich habe ich dich überredet. Du kannst sicher sein, das mache ich nie wieder. Ich bin fast gestorben vor Angst.«

»Bist du verletzt?«, fragte der Chloroplast etwas ruhiger.

»Nein, nur ein Riesenschreck.« Mara betrachtete ihre Handflächen und sah an sich hinunter. Ihre Kleidung war von oben bis unten mit Schlamm beschmutzt. Sie hielt ihm ihre Handflächen hin und fügte etwas beruhigter hinzu: »Und ein bisschen Matsch, das geht doch wieder ab, oder?«

»Wahrscheinlich kannst du es einfach abwaschen.«

Ihr Herz klopfte immer noch stark. Ihre Knie waren aufgeschürft und die Hose war kaputt. Sie hätte heulen können, riss sich aber zusammen. Erst als sie auf ihre Turnschuhe sah und das Bild des Chloroplasten unter dem Dreck nicht mehr erkennen konnte, schossen ihr Tränen in die Augen.

»Es ist doch gut gegangen, zum Glück«, tröstete er sie.

»Ja, schon«, schniefte sie, »aber ich hatte solche Angst.«

»Ich auch. Es war für mich fürchterlich, dir nicht helfen zu können. Es ist besser, du bleibst im Baumhaus, da kann dir nichts passieren«, schlug der Chloroplast energisch vor und Mara nickte.

»Sollen wir zurückfliegen?«, fragte er sie ganz besorgt.

»Ja, bitte, aber … wie soll ich das meiner Tante erklären?« Sie sah an ihrer verschmutzten Kleidung herunter. »Ich sag einfach, ich sei hingefallen.«

»Gute Idee!«, meinte der Chloroplast.

»Nur wo?«, überlegte Mara.

»Du sagst, du bist im Garten hingefallen.«

»Das mach ich, das muss sie mir glauben.«

Sie spürte den kühlen Nebel, und schon waren sie auf der alten Eiche gelandet. Sie nickte dem Chloroplasten zum Abschied zu und ging zur Öffnung des Baumhauses. Dann drehte sie sich noch einmal um und winkte ihm. Er zwinkerte ihr aufmunternd zu, bevor sie die Leiter hinunterstieg.

Im Garten betrachtete sie sich noch einmal, wobei ihr klar wurde, dass ihre Tante sie für verrückt halten musste. Es war Hochsommer, das Gras war strohtrocken und sie war voller Schlamm. Sie schlich durch den Garten. Als sie fast an der

vor
3650–3600
3400
3200
3000
2800
2600
2400
2200
2000
1800
1600
1400
1200
1000
800
600
400
200
100
1–0
Millionen Jahren

Terrassentür angekommen war, klingelte es. Das musste ihr Cousin sein. Thea ging zur Tür und Mara konnte unentdeckt die Treppe in ihr Zimmer hinauf rennen. Schnell zog sie die dreckigen Sachen aus und stopfte sie in eine Plastiktüte. Die schönen Turnschuhe, dachte sie und nahm sich vor, sie so schnell wie möglich zu waschen oder neue zu besorgen und Chloroplasten darauf zu malen. Dann riss sie ihre Reisetasche auf. Sie hatte kaum noch saubere Sachen, bis auf ein Kleid, das ihre Mutter für eine besondere Gelegenheit eingepackt hatte. In der Eile blieb Mara nichts anderes übrig, als es anzuziehen. Barfuß ging sie hinunter.

Richard saß mit Thea auf der Terrasse. Als er sie sah, stand er auf. Er war sehr groß und beugte sich zu ihr hinunter, was ihr das Gefühl gab, wieder ein kleines Mädchen zu sein.

»Hallo Cousinchen, lange nicht gesehen!«

Mara hätte beinahe »Zum Glück!« gesagt, aber ihrer Tante zuliebe begrüßte sie ihn freundlich. Als er ihre Hand wieder losließ, zupfte sie verlegen an dem Kleid herum. Darin musste er sie erst recht für ein kleines Mädchen halten, sie hätte viel darum gegeben, ihre Jeans anzuhaben.

Während des Essens erzählte Richard von einer Exkursion, die er im Rahmen seines Studiums vor kurzem gemacht hatte. Er studierte Paläontologie und war mit einer Gruppe von Studenten nach Australien geflogen, um Riffe zu erforschen. Er war viel getaucht und schilderte die faszinierende Unterwasserwelt. Es war eine lange Aufzählung von wissenschaftlichen Namen und Erkenntnissen. Thea, die anfangs noch interessiert zugehört hatte, lehnte nun in ihrem Stuhl und betrachtete ihren Sohn, als würde er in einer unbekannten Sprache reden. Mara rutschte auf der Hollywoodschaukel hin und her. Sie tat ihr Bestes, um nicht ge-

langweilt auszusehen. Erst als Richard sagte, er fände es schade, dass es keine Ammoniten mehr gäbe, mischte sie sich ein:

»Sei froh, dann könntest du nicht so im Riff herumtauchen. Wenn ein ausgewachsener Ammonit sich nähert und blitzschnell seine Fangarme herausschleudert, hat keiner mehr eine Chance.«

Richard starrte sie an.

»Stimmt!«, gab er zu und weil Mara an seiner verblüfften Miene Gefallen fand, fuhr sie fort:

»Noch unangenehmer wäre es allerdings, einem Anomalocaris zu begegnen. Dieses rochenähnliche Tier zermalmt mit seinen Klauen sogar den Panzer eines großen Trilobiten.«

Nun blieb Richard der Mund offen stehen. Thea hatte sich nach vorne gebeugt und beide Arme auf den Tisch gestützt. Zu ihr gewandt erzählte Mara nun von den Lebewesen im Meer vor 500 Millionen Jahren. Kurz darauf diskutierten alle drei lebhaft über die staksige Hallucigenia, die sitzenden Blumen und die Trilobiten. Bald sprachen sie über die ersten Landpflanzen und die Steinkohlenwälder. Die Zeit verging wie im Flug und es war schon später Nachmittag, als Thea in die Küche ging, um Kaffee zu machen.

»Ich würde auch gerne Paläontologie studieren«, sagte Mara.

Richard lächelte sie an und sagte:

»Das brauchst du gar nicht mehr, so gut, wie du dich auskennst. Aber es macht viel Spaß. Leider hat meine Mutter gar kein Verständnis dafür, dass ich mich am liebsten mit ausgestorbenen Pflanzen und Tieren beschäftige. Immer wenn ich davon erzähle, wirkt sie so abwesend.«

»Den Eindruck hatte ich heute nicht«, erwiderte Mara.

»Das liegt nur an dir. Wenn du erzählst, wird alles so lebendig.« Er sah sie nachdenklich an. Von seiner Überheblichkeit war nichts mehr zu spüren.

Eigentlich ist er ganz nett, dachte Mara.

Thea brachte den Kaffee und als sie ihn getrunken hatten, musste Richard schon wieder aufbrechen. Sie begleiteten ihn zur Tür. Als er seine Mutter zum Abschied umarmte, flüsterte sie ihm ins Ohr:

»Ich glaube, heute habe ich verstanden, warum du Paläontologie studierst – durch Mara«, fügte sie hinzu. »Warum hast du mir das nie so erklärt wie sie?«

Er zuckte mit den Achseln und mit einem Blick auf Mara versprach er, es in Zukunft zu versuchen.

Mara und Thea räumten zusammen die Küche auf. Sie saßen noch lange auf der Terrasse und genossen den warmen Sommerabend.

Es war schon spät, als Mara ins Bett ging. Sie schlief schlecht und träumte von dunklen feuchten Wäldern, in deren Dickicht sie sich verirrte und nicht mehr nach Hause fand. Aus dem Unterholz krochen riesige, fischähnliche Tiere, die ihre Mäuler aufrissen. Kurz bevor sie sie fressen wollten, wachte Mara schweißgebadet auf.

Draußen war es noch dunkel, sie schloss das Fenster und legte sich wieder ins Bett. Nach einiger Zeit schlief sie tief ein. Als sie schließlich aufwachte, war es später Vormittag. Sie sprang aus dem Bett mit dem Gefühl, etwas verpasst zu haben. Lido sah sie vorwurfsvoll an. Sie nahm den Kater auf den Arm und streichelte ihn.

»Du hast Recht, ich habe Ferien, da brauche ich nicht aus dem Bett zu springen, als wäre ich zu spät dran.«

Sie zog noch einmal ihr Kleid an, nahm eine kurze Hose und ein T-Shirt aus ihrer Wäschetüte, um Thea zu bitten, es zu waschen, und ging in die Küche. Der Tisch war gedeckt. Auf ihrem Teller lag ein Zettel, auf dem stand:

»Hallo, kleine Langschläferin! Bin beim Einkaufen, bringe frische Semmeln mit! Thea«

Mara schenkte sich Milch ein und gab Lido auch ein Schälchen. Als Thea kam, frühstückten sie gemeinsam. Auf die

Frage, was sie heute gemeinsam unternehmen sollten, erwiderte Mara hastig, sie würde sich am liebsten ins Baumhaus setzen.

»Na geh schon, ich muss heute ein paar Klavierstunden geben«, sagte ihre Tante und zwinkerte ihr zu.

Mara lief durch den Garten zur Leiter des Baumhauses und kletterte hinauf. Zu ihrem Erstaunen war der Chloroplast schon da.

»Und, hast du gestern noch Ärger bekommen?«, fragte er zur Begrüßung.

»Nein, ich konnte ins Haus schleichen und mich heimlich umziehen.«

»Glück gehabt!«, sagte er erleichtert. »Wollen wir los?«

Mara nickte.

6. Reise

Kühler Nebel umfing sie. Noch bevor er sich aufgelöst hatte, hörte sie ein gleichmäßiges Rauschen. Es regnete und sie konnte die dichten, grünen Wälder nur durch einen Schleier erkennen.

»Von hier oben sieht der Wald so friedlich und ruhig aus, aber ich möchte nicht noch einmal hineingehen«, sagte sie erschauernd.

»Ich würde dich auch nicht noch einmal gehen lassen!«, erwiderte er zärtlich.

Mara lehnte sich über die Brüstung des Baumhauses und seufzte.

»Ich hätte zu gerne deine Pflanze gesehen. Du hast doch auch in diesem Wald gelebt, oder?«

»Ja, für einige Zeit«, sagte der Chloroplast.

Das Baumhaus flog, und schon bald waren die saftigen grünen Wedel der Farnbäume nur noch in der Ferne zu erkennen. Sie flogen immer weiter weg von dem Fluss, an dessen feuchten Ufern sich der üppige Wald entwickelt hatte. Das Land wurde trockener und der Boden sandig. Nur vereinzelt streckten kleine Pflänzchen ihre dürren Stängel der Sonne entgegen. Nach einer Weile erkannte Mara einen lockeren Bestand von Bäumen, deren stark verzweigte Äste helle Blätter trugen.

Richtige Bäume, dachte Mara, und als sie genau darüber schwebten, beugte sie sich weit hinaus.

»Diese Blätter«, flüsterte sie mehrmals hintereinander, »diese Blätter sehen genauso aus wie deines, Chloroplast!«

»Das sind Ginkgobäume«, sagte er und in seiner Stimme lag Wärme.

»Ginkgo? Das ist doch der Baum, in dem du jetzt lebst, in Tante Theas Garten.«

Mara war verwirrt.

»Sind wir jetzt im Heute angekommen?«, fragte sie ungläubig.

»Nein, noch lange nicht! Erst in 300 Millionen Jahren sind wir im Heute, im Garten deiner Tante.«

Mara runzelte die Stirn.

»Willst du damit sagen, dass du seit 300 Millionen Jahren in diesem Ginkgo lebst?«

»Ich lebe seit 300 Millionen Jahren in Ginkgobäumen, aber nicht immer in demselben.«

Mara kaute auf ihren Lippen.

»Du bist so weit weg von dem feuchten Wald. Hier ist es sehr trocken. Woher bekommst du Wasser?«

»Meine Wurzeln müssen ganz schön tief graben, um den Baum zu versorgen, aber hier gibt es genug Sonne, um Photosynthese zu machen. Es ist besser als im Steinkohlenwald. Als kleine Pflanze hat man es dort schwer, weil die anderen einem das Licht wegnehmen.«

»Das stimmt, da drin war es ganz schön dunkel«, erinnerte sich Mara.

»Und da sind wir eben hierher gewandert«, erzählte der Chloroplast in übermütigem Ton.

Mara lächelte und sah ihn von der Seite an.

»Du bist in einem Baum, wie kannst du da ›wandern‹?«

»Ich zeig es dir!«, sagte er verschmitzt.

»Da bin ich aber gespannt!«

Der Ginkgobaum unter ihnen entwickelte an den Enden seiner Zweige silbrig orangene Kugeln, die nach und nach herunterfielen.

Plötzlich rümpfte Mara die Nase und sah den Chloroplasten mit verzogenem Gesicht an.

»Irgendetwas stinkt hier ganz fürchterlich, was ist das?«, fragte sie.

»Das sind diese Kugeln, es sind Samen.«

»Bist du da drin?«, fragte sie kaum hörbar, weil sie sich die Nase zuhielt.

»Ja, dieser Samen beginnt zu stinken, wenn er vom Baum gefallen ist.« Der Chloroplast konnte sich ein Grinsen kaum verkneifen. »Für dich ist das ein wenig unangenehm, aber es hat Vorteile.«

»Wozu soll denn so ein Gestank gut sein?«, fragte Mara angewidert.

»Warte ab!«

Hinter einem Felsvorsprung in der Nähe bewegte sich etwas. Mara ging hinter der Brüstung in Deckung, als ein Tier hervorkam, das sie noch nie gesehen hatte. Es bewegte sich ähnlich einer Raubkatze, hatte aber den Kopf eines Krokodils mit zu kurzer Schnauze. Der Körper war mit glänzenden Schuppen bedeckt, wie bei einem Reptil. Als das Tier über die Ebene lief, schimmerten die Schuppen in der Sonne fast golden, im Schatten der Ginkgobäume passte sich seine Farbe dem sandigen Boden an und es war gut getarnt.

Ständig blickte es sich um und riss dabei das Maul mit den spitzen Zähnen auf. Mara lief ein kalter Schauer über den Rücken. Das Tier war zwar nicht groß, sah aber sehr wendig und gefährlich aus.

»Das ist ein Therapside«, erklärte der Chloroplast, »ein Raubtier. Es frisst nur Fleisch, kleine Lurche und Ähnliches.«

Ein Glück für dich, wollte Mara gerade sagen, als der Therapside unter dem Ginkgobaum des Chloroplasten eigenartig grunzte und mehrere der heruntergefallenen Samen fraß.

»Er frisst dich!«, schrie sie entsetzt, aber der Chloroplast lachte laut und beruhigte sie:

»Den haben wir ganz schön reingelegt, denn der Samen

vor
3650–3600
3400
3200
3000
2800
2600
2400
2200
2000
1800
1600
1400
1200
1000
800
600
400
200
100
1–0
Millionen Jahren

stinkt, als wäre er ein verrottetes Stück Fleisch. Dieser Therapside kommt nur, weil er denkt, da liegt ein totes Tier und er könnte sich den Bauch voll schlagen. Er ist auf der Hut, dass ihn keiner verfolgt.« Der Chloroplast konnte vor Lachen nicht weiter sprechen. Nach einer Weile fuhr er fort:

»Dabei findet er nur einen kleinen Samen, den frisst er dann natürlich. Nie aber wäre er so weit gelaufen, wenn er gewusst hätte, dass er nicht satt werden würde.« Kichernd sah er dem Therapsiden nach.

»Schau, da läuft mein Taxi. Er läuft weite Strecken und wenn der Samen durch seinen Darm gewandert ist, lässt er ihn irgendwo fallen. Er liegt dann in einem Kotbett und hat die besten Bedingungen zum Auskeimen.«

Mara rümpfte die Nase und hielt sich mit den Händen den Bauch, als würde ihr gleich schlecht werden.

Der Therapside lief zurück hinter den Felsvorsprung.

»Er trägt dich hinter den Felsen, möchtest du dort leben?«, fragte sie.

»Das ist auf jeden Fall besser, als unter dem Ginkgobaum liegen zu bleiben. Wenn ich dort auskeime, habe ich kein Licht und der große Baum nimmt mir das Wasser weg.«

Mara sah dem Therapsiden nach.

»Er frisst also deinen Samen und verbreitet ihn. Aber was ist mit den Sporen und dem Prothallium?«

»Für Sporen und vor allem für ein Prothallium wäre es hier zu trocken. Ginkgo vermehrt sich nicht mehr mit Sporen, sondern mit Samen.«

»Und für die Samen ist es nicht zu trocken?« Sie sah die Kugeln an, die noch am Baum hingen. »Kannst du mir das erklären?«

»Als wir uns noch durch Sporen verbreiteten, fielen wir als Fortpflanzungszelle mit der halben DNA von unserer Pflanze herunter. Auf dem Boden bildete sich das Prothallium und wenn es feucht genug war, schwammen männliche Fortpflanzungszellen zu uns herüber und gaben ihre DNA im Zellkern ab. So lebten wir in dem feuchten Wald, und obwohl sich unsere Pflanze veränderte und immer mehr einem Baum glich, pflanzten wir uns auf diese Weise fort und waren vollkommen abhängig vom Regen.

Eines Tages nun teilte sich unser Zellkern, enthielt nur noch die Hälfte der DNA und wir bereiteten uns darauf vor, gleich auf den Boden zu fallen. Zu unserer Überraschung aber blieben wir auf unserer Pflanze. Wir fragten uns, wie nun eine männliche Fortpflanzungszelle zu uns kommen sollte, weil wir glaubten, sie lägen in einem Prothallium am Boden, und wir waren weit über ihnen in unserem Baum.

Die Fortpflanzungszelle, in der wir saßen, wuchs am Ende eines Zweiges. Wir spürten jeden Windhauch. Bald waren wir davon überzeugt, in einer Mutation gelandet zu sein, die keine Überlebenschance mehr hatte.

Da kam starker Wind auf und plötzlich flogen überall kleine Teilchen herum. Weißt du, was das war? Das waren männliche Fortpflanzungszellen.«

»In der Luft, ohne Wasser?«, frage Mara überrascht.

»Sie flogen überall herum. Es waren Pollen, fliegende Fortpflanzungszellen.«

Mara musste grinsen und sagte:

»Ich weiß schon, was du meinst.«

»Auch die männlichen Fortpflanzungszellen hatten sich verändert und waren auf ihrem Baum geblieben, statt herunterzufallen. Sie hatten eine Schale bekommen, waren stabiler geworden, aber immer noch leicht genug, um mit dem Wind durch die Luft zu segeln.

Eines dieser vielen Pollenkörner landete auf unserer Fortpflanzungszelle und bahnte sich seinen Weg durch die Zellwand. Wir waren weiterhin noch an dem Zweig angewachsen und schwebten hoch über dem Boden. Um uns herum bildete sich eine feste und außen herum eine fleischige Hülle.«

»Die silbrig orangene Kugel, nicht wahr?«, schlussfolgerte Mara.

»Genau, dann fielen wir auf den Boden. Erst jetzt näherten sich die Zellkerne einander und öffneten ihre Wände. Die DNA-Ketten mischten sich und es dauerte eine Weile, bis das Kettengewirr in unserem Zellkern Platz gefunden hatte. Danach rumorte es lange darin herum, bis der Kern mit den neuen Ketten zurechtkam und Enzyme schickte. Wir begannen uns zu teilen und wuchsen in dem Samen zu einer winzigen Pflanze heran, zu einem Embryo! Wir hatten bereits winzige Blätter, eine winzige Wurzel und einen klitzekleinen Stamm, befanden uns aber immer noch in der Samenschale, umgeben von Nährgewebe, das wir erst später, beim Auskeimen, brauchten. In diesem Zustand kann ein Samen sehr lange Zeit ausharren, bis die Bedingungen günstig sind, um zu keimen. Anders hätten wir diese Trockenheit hier gar nicht überstanden. Wir warteten und nach einer ganzen Weile verströmten wir diesen Geruch.«

»Und dann kam der Therapside!«, folgerte Mara.

»Genau, unser Taxi!«

»Und auf diese Weise wanderst du in der Welt herum. Ich finde es irre, dass du so ein Tier als Taxi benutzt, noch dazu ein so seltsames. Kann es nicht sein, dass er dich wieder zurückträgt in den feuchten Wald?«

»Kaum! Dieser Therapside ist ein Reptil. Die Gefahr, wieder im Wald zu landen, wäre größer, wenn er zu den Amphibien gehören würde. Amphibien wie Frösche oder Lurche leben zwar an Land, sie müssen ihre Eier aber im Wasser ablegen. Nur dort können sie sich entwickeln. Deshalb kehren sie immer wieder zu ihren Laichgewässern in den feuchten Wäldern zurück, um sich zu vermehren.

Reptilien haben sich insofern weiterentwickelt, als sie kein Laichgewässer mehr brauchen. Sie sind bei der Eiablage unabhängig vom Wasser. Ahnst du, was das heißt?«

Mara schüttelte den Kopf und murmelte dabei vor sich hin:

»... unabhängig vom Wasser?« Sie zupfte an ihrer Unterlippe und dachte angestrengt nach. »Krokodile, Schlangen, Schildkröten und Therapsiden ... Natürlich, ich hab's! Reptilien können ihre Eier in den Sand legen, weil sie eine harte Schale besitzen!«

»Genau! Der Embryo ist darin geschützt, bis er sich so weit entwickelt hat, dass er aus dem Ei schlüpfen kann. Das Ei mit harter Schale entspricht also dem Samen der Pflanzen. Mit diesen Veränderungen konnte die Besiedlung der Erde voranschreiten.«

Mara starrte auf den Therapsiden und den Ginkgohain.

»Samenschalen bei Pflanzen und harte Eierschalen bei Tieren. Das ist die Lösung!«, freute sie sich.

Ein lauter Donner riss sie aus ihren Gedanken.

»Was ist da los?«, fragte sie erschrocken. Der Chloroplast wendete das Baumhaus und sie flogen den Flusslauf entlang zurück zum Wald. Es schüttete wie aus Eimern. Der Regen hatte die Stämme der mächtigen Bäume tief in schlammiges Wasser getaucht. Wenn es noch länger so stark regnete, würde der Wald bald überschwemmt sein. Die Erde begann zu beben. Steine und Felsen rieben knirschend gegeneinander, Feuer spie aus entfernten Vulkanen, Ascheregen verdunkelte den Himmel und glühend heiße Lava ergoss sich über die Erde.

Unter dem Wald öffnete sich der Erdboden. Die Bäume verloren ihren Halt und rutschten in einen tiefen Spalt, der sich in den Boden gefressen hatte. Das Holz knarrte und ächzte, als würden die Bäume schreien.

Mara hielt sich die Ohren zu, konnte ihren Blick aber nicht abwenden, bis der gesamte Wald in diesem Schlund der Erde verschwunden war. Der Schlamm, der sich durch den starken Regen auf der Erdoberfläche angesammelt hatte, lief von allen Seiten in die Spalte hinein. Bald schon war es so, als hätte es den Wald nie gegeben.

Stille lastete dumpf und schwer auf dem schlammigen, eingeebneten Land. Langsam legte sich die Asche über die Landschaft, die nun schwarz und trostlos dalag wie am Anfang der Reise.

In der Ferne erhob sich eine Gebirgskette, die Mara dort noch nie gesehen hatte. Sie kniff die Augen zusammen und erkannte schmale Risse, die sich senkrecht durch die schroffen Felsen zogen. Der Zeitraffer lief langsam, trotzdem verbreiterten sich die Risse.

»Das Meer!«, schrie der Chloroplast plötzlich und im selben Moment klaffte ein tiefer Spalt in dem fernen Gebirge. Das Meer drang mit aller Gewalt ein. Mit rasender Geschwindigkeit kam es auf sie zu. Das Wasser wurde immer schlammiger und bedeckte in kurzer Zeit die gesamte Ebene.

Als Mara daran dachte, dass sie noch vor kurzem in diesem Wald gewesen war, zog sich ihr Magen zusammen. Sie verschränkte die Arme vor dem Bauch und wiegte den Oberkörper hin und her. Traurig schaute sie auf das trostlose Land. Es war nun ganz still, einzelne Vulkane rauchten in der Ferne.

»Es kam noch schlimmer«, flüsterte der Chloroplast und Mara folgte seinem Blick in die Ferne. Es sah aus, als würden lange, in der Sonne gleißende Finger nach der Landschaft greifen. Und als das Baumhaus darauf zuflog, erkannte sie, was es war, noch bevor der Chloroplast »Eis!« flüsterte.

Im Baumhaus war es warm wie an einem Sommertag, doch der Anblick der sich vorwärts schiebenden Eismassen ließ Mara frösteln. Ihr Herz wurde schwer, als sie an die zarten

Farne, die filigran gemusterten Stämme der Siegelbäume und die spröden Schachtelhalme dachte, die zusammen mit den Libellen und Lurchen unter den Schlammmassen verschwunden waren.

»Das ist ja grauenhaft!«, sagte sie zähneklappernd. »Mir ist kalt, ich will zurück!«

Der Chloroplast reagierte nicht, sondern starrte entsetzt auf die Eismassen, bis Mara rief:

»Chloroplast, was hast du?«

Erst nach einigen Momenten flüsterte er:

»Es war so schrecklich.«

»Wo warst du denn in dieser Zeit? Ich sehe nur Eis!«, wollte Mara wissen.

»Wir lagen darunter, weit dort hinten.« Er blickte traurig in die Richtung, aus der sie gekommen waren und in der nun die weißen Gletscher alles überlagerten.

»Dort lagen wir in unserem Samen. Wir waren wie in einem Trancezustand, jedes Zeitgefühl hatte uns verlassen. Das Einzige, was wir noch fühlten, war Hoffnungslosigkeit. Würde diese Kälte je enden, diese Kälte, die alles ergriffen hatte? Immer wieder wurde es ein wenig wärmer und wir dachten, es ginge weiter und wir könnten vielleicht auskeimen. Dann kam ein neuer Kälteschub. Wir redeten nicht mehr miteinander, wir sahen uns nicht einmal mehr an. Wir waren wie tot. In unserer Kapsel, in der wir uns für unangreifbar gehalten hatten, mit der wir sogar durch den Bauch eines gefährlichen Raubtieres gelangen konnten, fühlten wir uns so verloren wie noch nie.«

Mara hätte ihn am liebsten in den Arm genommen und getröstet, wagte es aber nicht, sein Blatt anzufassen. Stattdessen schlug sie vor:

»Wir holen deinen Samen und nehmen ihn mit in wärmere Zeiten, wo du auskeimen kannst!« Sie war von ihrer Idee ganz begeistert, während der Chloroplast nur resigniert den Kopf schüttelte.

»Das geht nicht, keiner darf hier eingreifen.« Er versuchte zu lächeln. Dann beschleunigte er den Zeitraffer.

Die Landschaft war auf einmal frei von Eis, doch schon kurz darauf wieder vollkommen vereist. Und so ging das einige Male. Es war, als würde ein weißer Vorhang über der Landschaft auf- und wieder zugezogen. Und jedes Mal, wenn der Vorhang aufging, schien das Land kahler und grauer zu sein. Maras Herz wurde noch schwerer.

»Wann hören denn diese Vereisungen auf?«, fragte sie gequält. »Das ist ja nicht zum Aushalten!« Sie zog ihr T-Shirt am Hals zusammen, in der Hoffnung, dass ihr dadurch wärmer würde.

»Das ging viele Millionen Jahre so weiter. Es war für alle Lebewesen katastrophal. Viele hätten die eine oder andere Vereisung ausgehalten. Doch die ständigen Wechsel von warm und kalt ließen viele Pflanzen und Tiere aussterben. Und nicht nur einzelne Tiere starben, ja ganze Arten verschwanden für immer von der Erde. Dies ist die größte Krise in der Geschichte der Erde. Abertausende sind verhungert oder erfroren. Sie konnten sich nicht mehr fortpflanzen. Ich weiß bis heute nicht, wie wir es geschafft haben zu überleben. Schau dir das an!«

Sie waren in der Zeit weitergeflogen und die Landschaft war frei von Eis. Kein Grün war zu sehen. An vielen Stellen hatten sich kleine Seen aus dem Schmelzwasser der Gletscher gebildet. Die Sonne leuchtete mild und tauchte die Landschaft in warmes Licht. Noch deutlicher trat die Leere hervor, die durch die verheerenden Klimaschwankungen entstanden war. Vereinzelt erhoben sich Pflanzen.

Mara atmete erleichtert auf, als sie darunter einen Ginkgobaum entdeckte.

»Da bist du ja!«, rief sie laut und ihre Stimme hallte noch lange in der Stille nach. Sie konnte kaum sitzen bleiben, so sehr freute sie sich. Der Chloroplast nickte mit großen Augen.

Schnell wuchs der kleine Baum heran. Bald schon fielen silbrig orangene Samen auf den Boden und begannen zu stinken. Mara hielt sich die Nase zu und fragte flach atmend:

»Wann kommt denn dein Therapside?«

Der Chloroplast sah sie lange an und erklärte dann mit tonloser Stimme:

»Ich habe nach dieser Katastrophe keinen mehr gesehen.«

»Keinen mehr?«, wiederholte Mara und begriff, was der Chloroplast gemeint hatte, als er sagte, nicht nur einzelne Tiere, sondern ganze Tierarten wären ausgestorben.

»Aber er war doch dein Taxi!«

»Ich habe ein anderes gefunden«, beruhigte er Mara.

Sie folgte seinem Blick. An einem der vielen Seen ging ein gedrungenes, schwerfälliges Tier am Ufer entlang. Seine runzlige Haut war graubraun gemustert, so dass es in der Landschaft kaum auffiel. Sein Gang erinnerte an den eines Elefanten, aber mit seinen knapp zwei Metern Länge und einer Schulterhöhe von einem Meter erreichte es nicht diese Ausmaße. Schritt für Schritt patschte es durch den feuchten Sand und hinterließ tiefe Spuren. Plötzlich blieb es stehen, hob den klobigen Kopf und nahm Witterung auf.

»Der riecht den Samen deines Ginkgos. Der stinkt ja noch immer fürchterlich«, beschwerte sich Mara lächelnd, denn eigentlich war sie froh, den Chloroplasten wieder in seinem Baum zu wissen. Trotzdem hielt sie sich die Nase zu. »Mag der diesen Geruch auch so gern wie der Therapside?«, fragte sie und deutete mit dem Kopf auf das eigenartige Tier, das ihr irgendwie bekannt vorkam.

»Auch dieses Tier mag meine Samen. Das ist übrigens ein Lystrosaurus.«

»Was für ein Saurus?« Mara schlug sich mit der Hand an die Stirn. »Natürlich, das ist ein Saurier, dass ich nicht gleich darauf gekommen bin! Ein Saurier«, murmelte sie ergriffen, »und der kommt direkt auf deinen Ginkgo zu und frisst die Samen!«

Der Chloroplast grinste Mara an und sagte:

»Darf ich vorstellen, das ist mein neues Taxi!«

Sie schüttelte ungläubig den Kopf.

Nach und nach verbreiteten sich die Ginkgobäume über die Landschaft. Zwischen den hellgrünen, zarten Blättern tauchte nun immer häufiger dunkleres Blattwerk auf. Neue Bäume reckten ihre dunkelgrünen Kronen pyramidenförmig in den Himmel.

»Hier gibt es Weihnachtsbäume«, bemerkte Mara, woraufhin der Chloroplast lächelnd bestätigte, dass es sich tatsächlich um Nadelbäume handelte.

»Sie sehen ganz anders aus als dein Ginkgo.«

»Sie sind aber mit ihm verwandt!«

»Natürlich, alle sind miteinander verwandt«, erwiderte Mara und der Chloroplast grinste, »aber Nadelbäume haben andere Samen als dein Ginkgo.«

»Das stimmt, sie schützen ihre Samen nicht mit einer fleischigen Schale«, stimmte ihr der Chloroplast zu.

»Und sie stinken nicht!«, ergänzte Mara lachend.

»Sie legen ihre Samen in spezielle Blätter, die verholzen und Zapfen bilden – ein idealer Schutz. Die Nadelbäume konnten sich nach dieser Krise weit verbreiten!«

»Ich kenne sie gut. Sie haben bis in meine Zeit überlebt«, sagte Mara. »Wie alt sind die denn?« Sie ließ ihren Blick weit über die dichten Baumgruppen aus Nadel- und Ginkgobäumen schweifen.

»Wir haben jetzt den 8. Dezember, also vor 230 Millionen Jahren«, erklärte der Chloroplast. Mara schüttelte nur den Kopf, noch immer waren ihr diese Zahlen unvorstellbar.

»Die Pflanzen kommen mir bekannt vor, und trotzdem ist mir die Landschaft fremd.« Mara sah lange hinaus. »Ich glaube, jetzt weiß ich es, es sind die Farben! Oder besser gesagt, die Farben, die fehlen. Hier ist alles grün! Grün von Bäumen und Farnen, aber es gibt keine Blüten und keine Blumen, auch kein Gras.« Sie blickte suchend umher. Ein Lystrosaurus stapfte an einem Seeufer entlang, fraß einige Zapfen und Ginkgosamen und ruhte sich dann in einem kleinen Wald aus.

Der Chloroplast beschleunigte den Zeitraffer und sie flogen über dichte, weite Wälder. Er lenkte das Baumhaus auf einen großen See zu. Mara folgte seinem Blick und kam aus dem Staunen nicht mehr heraus.

Am Ufer stand ein Dinosaurier, so lang wie ein Güterzug. Sein kräftiger Körper stand auf vier kurzen Beinen und der viel zu lange, schmale Hals wiegte seinen kleinen Kopf hin und her, so dass er mit seinen starren Reptilienaugen die Umgebung genau zu beobachten schien. Seine Größe hätte schon gereicht, um aufzufallen, zudem war er auch noch eigenartig gemustert. Grelle gelbe Flecken auf seiner dunklen Haut schienen zu signalisieren, dass es besser wäre, Abstand zu halten. Als er das Baumhaus erblickte, trompetete er laut. Mara zuckte zusammen. War er nur überrascht oder würde er sie auch angreifen, wenn sie ihm zu nahe kamen?

»Das ist ein Mamenchisaurus, ein echter Dinosaurier«, erklärte der Chloroplast.

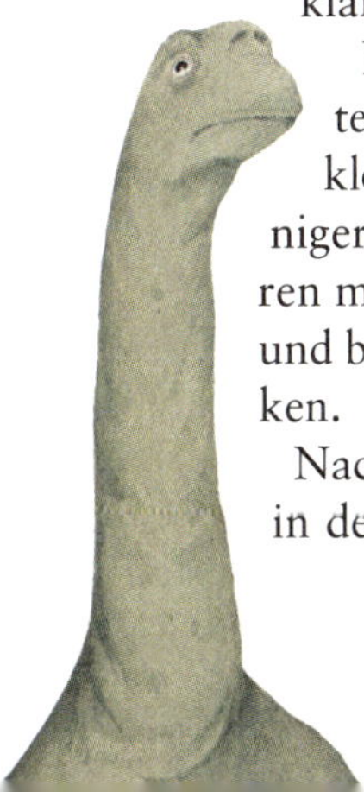

Nachdem der Dinosaurier mehrmals trompetet hatte, kam aus dem nahe gelegenen Wald ein kleinerer Saurier, der dem großen glich, aber weniger stark gefleckt war. Er antwortete dem anderen mit einem hohen Trompetenton, lief zum Ufer und beugte seinen Hals weit vor, um Wasser zu trinken.

Nach einiger Zeit stapfte das kleinere Tier zurück in den Wald, gefolgt von dem großen Saurier. Er blieb noch einmal kurz am Waldrand stehen, reckte seinen langen Hals und fraß mühelos Blätter von den obersten Zweigen der Bäume.

Das Baumhaus schien ihn nicht zu stören. Es schwebte auf gleicher Höhe mit seinem Kopf, so dass Mara ihn beim Fressen beobachten konnte.

»Der schlingt aber ganz schön«, meinte sie.

»Er muss so viel fressen bei seiner Größe. Nicht einmal zu kauen braucht er, denn er hat in seinem Magen faustgroße Steine, die die Nahrung zermahlen.«

»Wie praktisch! Als ich klein war, musste ich beim Essen die Bissen zählen, damit ich mir angewöhnte, gut zu kauen«, murrte Mara und der Chloroplast lachte laut auf.

»Nun ja, jeder muss nach seinen Möglichkeiten leben. Und ich glaube, es wäre für dich unangenehm, solche Steine im Bauch zu haben, meinst du nicht?«, tröstete der Chloroplast sie.

»Ja, du hast Recht, lieber kaue ich.«

Als der Mamenchisaurus satt war, legte er sich hin. Der Chloroplast war der Meinung, es sei Zeit weiterzufliegen und steuerte auf einen Meeresstrand zu. Er blickte aufs offene Meer hinaus, als würde er etwas Bestimmtes suchen. Mara hockte sich auf ihre Knie und beobachtete die Wasseroberfläche aufmerksam.

Jetzt machte der Chloroplast mit ihr einen Flug durch die Zeit der Dinosaurier. Bis dahin war Mara nie bewusst gewesen, dass es so viele verschiedene Arten von Dinosauriern gab. Große, kleine, gedrungene und zierliche. Sie lebten an Land oder am Ufer und manche waren sogar ins Wasser zurückgekehrt.

Zuerst bemerkte sie nur eine Welle, dann aber zeigte sich ein Tier von der Größe eines Wals. Mit dem spitzen Maul, den Zacken auf dem Rücken und den großen Schuppen über den starren Augen sah es genauso aus, wie Mara sich ein Seeungeheuer vorgestellt hatte. Als es wieder untergetaucht war, beugte sich Mara weit über die Brüstung und suchte die Wasseroberfläche nach dem Tier ab.

»Wir steigen ein bisschen höher«, sagte der Chloroplast und schon hob sich das Baumhaus.

»Was frisst dieses Tier?«, fragte Mara. In diesem Moment ließ sich ein Vogel auf der Wasseroberfläche nieder. Noch bevor der Chloroplast antworten konnte, schoss der Saurier wie ein Pfeil an die Wasseroberfläche, riss sein Maul auf und schlang den ahnungslosen Vogel hinunter. Dann ließ sich der Mosasaurier, wie der Chloroplast ihn nannte, von der Strömung treiben, als wäre nichts geschehen. Ein kalter Schauer lief Mara über den Rücken.

Manche Saurier an Land waren Furcht einflößende, riesige Drachen. Ihre Nacken waren geschützt durch dicke Panzer mit gefährlichen Spitzen.

Ein Velociraptor näherte sich hinter einem Felsen. Die spitzen Krallen an seinen Füßen scharrten bei jedem Schritt im sandigen Boden. Witternd blieb er hinter dem Felsen stehen, hob immer wieder seinen Kopf auf dem langen Hals und öffnete das Maul, als wollte er seine spitzen Zähne zeigen. Sein Körper spannte sich, als ein ahnungsloser Protoceratops, dessen Kopf durch einen großen Schild über der Stirn geschützt war und auf dessen Backen spitze Hörner saßen, herankam.

Als er auf der Höhe des Felsens war, warf sich der Velociraptor mit einer Kraft, die man dem schlanken Körper nicht zugetraut hätte, auf den Protoceratops. Der Überraschungsangriff war gelungen und der Angegriffene lag auf dem Boden. Der Protoceratops ließ

vor
3650–3600
3400
3200
3000
2800
2600
2400
2200
2000
1800
1600
1400
1200
1000
800
600
400
200
100
1–0
Millionen Jahren

sich das nicht gefallen und schlug nun seine massigen Hinterbeine in den Bauch des Angreifers, bis das Blut herausquoll. Als nun der Velociraptor seine Vorderkralle in den Hinterkopf des Protoceratops grub, brach dieser fast zusammen. Mit einem jaulenden Schrei riss er sein Maul auf und biss in die Vorderpfote des Velociraptors. Ein noch lauterer Schrei durchschnitt die Luft und der Kampf schien entschieden. Doch der unterlegen scheinende Velociraptor bäumte sich noch einmal auf und schnappte nach dem Gegner.

Plötzlich fegte ein Sandsturm über die Ebene. Sein Tosen ließ die beiden innehalten. Diesem Gegner waren sie nicht gewachsen! Innerhalb von Sekunden begrub der Sand die Kämpfenden.

Mara schluckte. Sie sah den Chloroplasten an, der ganz still war. Schweigend flogen sie weiter.

»Ich wusste gar nicht, dass es so viele verschiedene Saurier gibt«, sagte Mara nach einer Weile

»Es gab ungefähr so viele verschiedene Saurier, wie es heute verschiedene Säugetiere gibt. Meist denkt man nur an den Dinosaurier, aber zu den Sauriern gehören alle Reptilien, die ihre Beine unter ihrem Körper haben.«

Mara sah ihn fragend an und er erklärte es ihr:

»Zu den Reptilien, also den Kriechtieren, gehören die Krokodile, auch die Schlangen, die Schildkröten und die Echsen. Sie haben ihre Beine seitlich vom Körper. Dadurch ist es für sie sehr anstrengend, längere Strecken zu laufen. Außerdem kühlen sie schnell aus, wenn der Boden kalt ist, denn sie liegen mit dem Bauch darauf. Die Saurier haben sich aus diesen Reptilien entwickelt. Durch eine Veränderung im Erbgut haben sie ihre Beine aber unter dem Körper. Das ist viel praktischer und weniger anstrengend, um an Land herumzulaufen. Du siehst ja, sie sind ziemlich schnell.«

Mara nickte.

»Und sie berühren den Boden nur mit den Füßen und bekommen keinen kalten Bauch«, ergänzte sie die Ausführungen des Chloroplasten.

Sie flogen weiter. Über einem kleinen Gebirge stoppte der Chloroplast den Zeitraffer. Mara glaubte, in der Ferne ein kleines Segelflugzeug zu sehen. Es schwebte von einem der höchsten Felsen herunter wie ein Gleiter. Erst als es seine ledrigen, etwa 10 Meter breiten Flügel mit lautem Krachen zusammenschlug, um an Höhe zu gewinnen, erkannte sie den kleinen Kopf mit dem langen Schnabel und den Schwanz des Tieres. Es flog über einen Wald hinweg und glitt über einer großen Lichtung langsam herunter.

»Er darf nicht auf der Lichtung landen, er muss weiterfliegen, er darf nur auf freiem Feld landen«, rief der Chloroplast aufgeregt.

Er lenkte das Baumhaus rasch in seine Richtung und schrie:

»Höher, höher! Weg von der Lichtung.«

Und obwohl Mara nicht klar war, weshalb er da nicht landen durfte, feuerte sie den riesigen Gleiter mit an. So flogen sie schreiend eine Weile hinter ihm her. Anscheinend hatte er endlich die Gefahr bemerkt oder auch nur Angst vor dem Baumhaus bekommen. Jedenfalls versuchte er jetzt, durch heftiges, laut knatterndes Flügelschlagen an Höhe zu gewinnen. Das Tier tat sich schwer. Es flog knapp über den Baumwipfeln einen Bogen und landete plump auf freiem Feld. Umständlich klappte es die überdimensionalen Flügel zusammen und blieb auf seinen dünnen Füßen stehen, um sich auszuruhen.

»Das ist Quetzalcoatlus, ein Flugsaurier«, erklärte der Chloroplast.

»Ich dachte, es wäre ein Vogel, bis mir die ledrigen Flügel auffielen. Ein Vogel hat doch Federn, dieser hier sieht eher aus wie eine überdimensionale Fledermaus«, sagte Mara nachdenklich.

»Eine Fledermaus ist aber ein Säugetier. Sie legt keine Eier, sondern gebärt lebende Junge. Du greifst der Entwicklung voraus. In der Zeit von 250 bis 65 Millionen Jahren vor heute, also 185 Millionen Jahre lang, war dies die Welt der Saurier. Es dauert noch eine ganze Weile, bis die Säugetiere den größten Teil der Tierwelt ausmachen.«

»So lange gab es die Saurier? Das habe ich gar nicht gewusst«, staunte Mara.

»Die Saurier gab es sehr lange auf der Erde. Die ersten kleinen Säugetiere gibt es erst seit etwa 200 Millionen Jahren.«

»Und den Menschen?«, wollte Mara wissen.

Der Chloroplast grinste.

»Den Menschen gibt es erst sehr kurze Zeit. So ein Mensch, wie du einer bist, der Homo sapiens, existiert auf dieser Erde erst seit 160 000 Jahren.«

»Nein! Das kann doch nicht sein. Wann ist das denn auf unserem Kalenderjahr?«, fragte Mara enttäuscht.

»Das ist am 31. Dezember«, erwiderte der Chloroplast.

»Genau am letzten Tag?«

»Kurz vor Mitternacht. Genauer gesagt: 23 Minuten vor Sylvester.«

»Wahnsinn! So spät erst! Und ich hatte gedacht, die Menschen gab es schon immer.« Sie schüttelte den Kopf über sich selbst.

»Das können sich die Menschen kaum vorstellen, dass es die Erde mit ihren Pflanzen und Tieren schon lange vor ihnen gab.«

»Und in solcher Vielfalt«, ergänzte Mara. »Die Menschen denken oft, sie müssten sich um alles kümmern, sonst läuft nichts. Dabei ist es umgekehrt, die Erde beherbergt den Menschen, obwohl er sie so stark verändert.« Den letzten Satz hatte Mara sehr leise gesprochen und der Chloroplast erwiderte nichts darauf.

Der Flugsaurier hüpfte nun auf den Waldrand zu, unterwegs fraß er Insekten und riss Rinde von den Bäumen, die er in kleinen Stücken verzehrte.

»Warum darf er nicht im Wald landen, dort würde er viel mehr zu fressen finden«, sagte Mara, während sie das Wesen weiterhin sehr genau beobachtete.

»Er würde aus dem Wald nicht mehr herauskommen, weil er zu groß für das Gestrüpp ist. Vom Boden aus kann er nicht losfliegen, sondern nur von erhöhten Punkten heruntergleiten. Im Wald würde er sich die Flügel verletzen, es wäre sein Ende. Er klettert auf Felsen und wenn er Hunger bekommt oder Nahrung für seine Jungen herbeiholen will, gleitet er herab.«

»Das ist aber umständlich, welchen Vorteil hat das denn, wenn er immer wieder mühsam hinaufklettern muss?«

»Er hat da oben sein Nest, dort sind seine Jungen gut geschützt. Schau dir mal die Lage des Nestes genau an«, sagte der Chloroplast.

Sie flogen auf den Felsen zu, von dem der Flugsaurier gestartet war. Er ragte steil nach oben und fiel zu allen Seiten hin schroff ab. Der Flugsaurier erklomm einen nahe gelegenen Felsen, um sich von dessen höchstem Gipfel aus hinuntergleiten zu lassen. Er landete direkt auf dem Nest, in dem sich nun drei junge Flugsaurier regten und dem Alten entgegenhüpften. Als er jedoch das Baumhaus direkt über sich sah, stieß er einen quietschenden Laut aus. Die drei Jungen duckten sich und rührten sich nicht mehr.«

Mara erschrak und fragte ganz leise:

»Sie liegen da, als wären sie tot.«

»Sie wollen nur, dass du das glaubst, sie halten uns für Angreifer und meinen, dass wir sie nicht sehen, wenn sie sich nicht bewegen.«

Der Chloroplast lenkte das Baumhaus höher und es kam wieder Leben in die kleinen Flugsaurier. Quietschend umringten sie den großen Flugsaurier. Er ließ Rindenstücke aus dem spitzen Maul fallen, die sie sogleich auffraßen.

Der Chloroplast steuerte nun wieder auf den Wald zu und hielt über einer Lichtung. Er starrte hinunter und Mara suchte die Baumkronen und den Boden ab. Erst bemerkte sie nichts Besonderes, doch dann fielen ihr einige Laubbäume zwischen den Nadelbäumen auf. Insekten schwärmten um das helle Grün der Blätter. An den Enden der Zweige blitzten weiße Flecken. Erst als der Chloroplast das Baumhaus senkte und sie knapp über der Krone schwebten, erkannte Mara, dass es weiße Blätter waren.

Und obwohl sie schon die ganze Zeit hinunterblickte, forderte der Chloroplast sie auf:

»Schau dir diese Blätter an!« Seine Stimme klang verärgert. »Das sind doch keine richtigen Blätter, richtige Blätter sind grün und machen Photosynthese!« Er betonte jedes Wort. »Diese Blätter hier haben keine Chloroplasten, sie sind weiß! Kannst du mir sagen, was das soll?« Er hatte sich richtig ereifert.

Mara zuckte mit den Schultern.

»Ist das eine Mutante?«, fragte sie

»Natürlich ist das eine Mutante! Und ich sage dir, wozu sie gut ist: zu gar nichts!« Seine Augenbrauen bewegten sich heftig. Doch dann fuhr er mit gedämpfter Stimme fort:

»Jedenfalls dachte ich das damals. Aber diese Veränderung hat sehr wohl einen Vorteil. Diese Laubbäume haben etwas, was weder Nadelbäume noch mein Ginkgo haben, nämlich auffällige weiße Blätter um ihre Fortpflanzungszellen herum.

Wir haben zwar auch Blüten, aber ganz unauffällige. Der Wind, der uns bestäubt, kümmert sich nicht darum, wie die Blüten aussehen. Aber schau dir diese Blüten an! Sie sind auffällig gefärbt. Die weiblichen Samenanlagen im Fruchtknoten und die männlichen Fortpflanzungszellen, der Pollen, stehen oft direkt nebeneinander.«

»Das ist aber praktisch. Dann ist der Weg zwischen ihnen kürzer als bei Ginkgobäumen, bei dem die weiblichen und die männlichen Fortpflanzungszellen auf verschiedenen Bäumen sind.«

Die Augenbrauen des Chloroplasten zogen sich noch enger zusammen.

»Hm«, machte er, »aber dem Zellkern ist es lieber, wenn er den Pollen einer anderen Pflanze erhält.«

»Dann ist es doch genau wie bei deinem Ginkgo, die Pollen müssen von einer Pflanze zur anderen kommen. Wo ist dann der Vorteil?«

»Die Blüten sind so auffällig, dass Insekten angelockt werden. Der Pollen schmeckt ihnen gut und ganz aus Versehen«, der Chloroplast sprach immer lauter und drehte die Augen zum Himmel, »ganz aus Versehen bleibt etwas von dem Pollen an den Insektenkörpern hängen und fliegt mit zur nächsten Pflanze. Dort wird er abgestreift, und schon ist die andere Blüte bestäubt. Der Pollen wandert zur Eizelle, in der die Kerne verschmelzen.«

Mara nickte nachdenklich.

Die weißen Blätter glänzten im Licht. Insekten flogen von einem zum anderen und krabbelten auf ihnen herum.

»Diese weißen Blätter sind also die ersten Blütenblätter. Und warum regt dich das so auf?«, wollte Mara wissen.

»Es passt mir nicht, dass es Blätter ohne Chloroplasten gibt, auch wenn es noch so vorteilhaft für die Pflanzen sein mag. Kannst du das verstehen?«

»Was ist daran so vorteilhaft. Die Insekten rumpeln auf

den zarten Blättern herum und fressen sich mit Pollen voll. Dabei geht doch einiges kaputt, oder?«

»Der Vorteil ist, dass die Pflanzen weniger Pollen machen müssen. Pollen bestehen hauptsächlich aus DNA. Sie gehören zu den wertvollsten Substanzen überhaupt. Wenn der Pollen mit dem Wind fliegt, findet er nur sehr selten eine weibliche Blüte. Wenn die Insekten ihn aber mitnehmen, kommt er sicher ans Ziel.«

»Und die Pflanzen müssen nicht mehr so viel Pollen produzieren.«

Mara nickte und fuhr fort:

»Das ist doch toll, wenn die Insekten zu Helfern der Pflanzen werden.«

Der Chloroplast sah sie von der Seite an und brummte:

»Natürlich ist das toll.« Das letzte Wort betonte er ganz eigenartig. »Tricks anwenden ist immer toll!«

»Ich kann verstehen, dass du dich ärgerst, aber du machst es doch genauso in deinem Ginkgo!«

Der Chloroplast starrte sie mit weit aufgerissenen Augen an und Mara fuhr fort:

»Ich meine, wenn dein Samen so stinkt, dass ein Tier von weit her zu dir kommt, um ihn zu fressen und ihn an einen günstigen Platz zu bringen?«

»Hm«, murrte der Chloroplast, fühlte sich aber geschmeichelt, »das stimmt, es sorgt für die Verbreitung der Samen, und die Bestäubung überlasse ich dem Wind, genauso wie die Nadelbäume.«

Der Chloroplast machte eine Pause und fuhr dann mit leiser Stimme fort:

»Tatsache ist: Mein Ginkgo wurde verdrängt! Er wich nach Osten aus, bis ins heutige China.«

Der Chloroplast beschleunigte den Zeitraffer. Die Laubbäume verbreiteten sich stark, während die Nadel- und Ginkgobäume nur noch in Berglagen wuchsen. In den Tälern gab es nunmehr blühende Pflanzen, die in allen Farben leuchteten, Bäume und Sträucher. Ein buntes Blumenmeer überzog die grünen Wiesen.

»Magnolien, Kastanien …«, benannte der Chloroplast die jeweiligen Bäume, an denen sie vorbeiflogen.

Mara musterte ihn von der Seite.

»Ich kann schon verstehen, dass du Blätter ohne Chloroplasten für keine richtigen Blätter hältst, aber was dabei herauskommt ist wunderbar, findest du nicht? Außerdem sind die meisten Blätter dieser Bäume immer noch grün. Es müssen also unendlich viele Chloroplasten darin sein. Sie stammen doch alle von dir ab, oder?«

»Das ist richtig, sie stammen alle von mir ab, und ohne Chloroplasten geht gar nichts. Aber damals hat es mich wütend gemacht, dass mein Ginkgo verdrängt wurde. Andererseits ist es in China nicht schlecht. Von den Menschen dort wurde ich immer verehrt, natürlich erst als es Menschen gab, das dauerte lange.«

Wann erscheinen denn nun endlich Menschen auf dieser Erde, dachte Mara.

Sie flogen auf eine Lichtung zu und setzten zur Landung an.

»Was machst du?«, fragte Mara aufgeregt.

»Ich möchte dir etwas zeigen!«, kündigte der Chloroplast an. »Du musst mir aber versprechen, im Baumhaus zu bleiben.«

»Ich steige bestimmt nicht noch einmal aus, da kannst du ganz sicher sein. Der Steinkohlenwald hat mir gereicht!«, versprach Mara.

Nach kurzer Zeit stand das Baumhaus auf dem weichen, mit Nadeln bedeckten Waldboden. Auf der Lichtung wuchsen einige Farne und spärliches Moos. Zu allen Seiten lagen umgestürzte, zum Teil bereits vermoderte Baumstämme, aus denen grüne Triebe wuchsen.

»Hat es hier einen Sturm gegeben, der die Lichtung freigelegt hat?«, fragte sie.

»Das war ein lebender Orkan«, flüsterte der Chloroplast geheimnisvoll. Um sie herum raschelte es. Der Chloroplast wies auf einen Baum und bedeutete Mara darauf zu achten, was gleich dort hervorkäme. Sie legte sich auf den Boden und sah zur Öffnung des Baumhauses hinaus, wo sonst die Leiter befestigt war. Hinter dem Baum bewegten sich trockene Zweige und kurz darauf blickte ein kleines Tier scheu hervor. Es hatte große dunkle Augen, eine spitze Schnauze und kurzes, braun gestreiftes Fell. Langsam, mit der Nase in der Luft witternd, kam es hinter der Fichte hervor, gefolgt von drei Jungtieren.

»Sind die süß!«, platzte Mara heraus, so dass das Tier sie erschrocken anblickte und davonrannte wie ein Wiesel, gefolgt von den drei Jungen.

»Jetzt habe ich sie verjagt«, sagte sie traurig.

»Sie werden wiederkommen, Säugetiere sind sehr neugierig«, sagte der Chloroplast. »Sie leben hier gut versteckt, meist kommen sie nachts heraus. Sie scheinen Hunger zu haben, schau, da kommen sie wieder.«

Vorsichtig, wie beim ersten Mal, kamen die vier Tiere hinter dem Baum hervor. Mara verhielt sich ganz still und presste die Hand vor den Mund. Die Kleinen nagten an den Nadeln und Zweigen und fraßen Pilze vom Boden. Als sie satt waren, fingen sie an, miteinander zu balgen. Sie quietschten, wenn eines den anderen zu heftig anpackte. Doch das Spiel ging sofort weiter.

Plötzlich richtete sich die Mutter auf, pfiff laut, machte kehrt und lief hinter den Baum, dicht gefolgt von zwei ihrer Jungen. Das dritte sah sich suchend um. Als es die anderen nicht mehr sah, kauerte es sich angstvoll auf den Boden. Mara spürte, wie der Erdboden vibrierte.

»Ein Erdbeben!«, schoss es ihr durch den Kopf, doch da

hörte sie ein lautes Schnauben. Diese Erschütterungen waren Schritte, Schritte eines Riesen.

Ohne zu überlegen, ergriff Mara den kleinen Säuger, der wimmernd direkt vor dem Baumhaus saß, und zog ihn hinein. Schützend hielt sie ihn im Arm und drängte sich an die Wand. Die Schritte kamen näher. Mara sah den Chloroplasten nicht an, das Baumhaus schwankte. Ein riesiger Dinosaurier stampfte über die Lichtung und trat alles nieder, was ihm im Weg stand. Die Bäume am Rand knickten um. In dem Moment verstand Mara, was der Chloroplast mit dem lebenden Orkan gemeint hatte.

Der Dinosaurier hatte den Rand der Lichtung erreicht. Er stand da wie eine Mauer und Mara sah weit über sich den Kopf und die langen Zähne. Mit seinen kurzen Vorderfüßen ergriff er einen Flugsaurier, der auf einem Ast kauerte, und fraß ihn auf. Das Maul triefte von Speichel.

Mara stieß einen spitzen Schrei aus. Der Dinosaurier wandte seinen Kopf nach unten und blickte ihr direkt in die Augen.

»Er kann dir nichts tun, bleib sitzen!«, rief der Chloroplast.

Sie konnte sich sowieso nicht bewegen, auch wenn sie gewollt hätte. Sie starrte in die riesigen Augen und erdrückte dabei fast den kleinen Säuger in ihrem Arm, der versuchte, sich aus ihrer Umklammerung zu winden. Endlich wendete der Dinosaurier sich ab und stampfte über die Lichtung davon. Bei jedem seiner Schritte erzitterte der Boden. Er hinterließ eine tiefe Schneise im Wald, gesäumt von umgeknickten Baumstämmen und zertrampelten Farnen. Riesige Fußspuren zeigten seinen Weg.

Für einige Momente herrschte gespenstische Stille, doch schon kurz darauf kehrte das Leben zurück. Es summte und quietschte im Wald, und Mara löste sich aus ihrer Starre.

»Ganz ruhig, Kleiner«, sagte sie zu dem Säuger, der sich

nun in ihren Arm schmiegte. Dann sah sie den Chloroplasten schuldbewusst an, legte den Kopf schräg und versuchte vorsichtig zu lächeln.

»Ich weiß, ich hätte das nicht tun dürfen«, begann sie zaghaft, »aber ich konnte nicht anders. Es war ein Reflex. Ich konnte ihn nicht da draußen lassen, dann wäre er jetzt im Magen dieses Sauriers, zermalmt von den riesigen Magensteinen. Seine runzlige, schuppige Haut ist ekelhaft. Und diese Augen, so was habe ich noch nie gesehen, man könnte meinen, sie laufen aus.« Sie ereiferte sich über den gefräßigen Trampel, wie sie den Dinosaurier nannte, und hörte nicht auf, sich zu verteidigen, bis der Chloroplast sie ermahnte:

»Du vergisst, wo wir sind! Dies ist nicht deine Welt und ein Urteil steht dir nicht zu! Ich kann dich aber verstehen. Lass den Kleinen jetzt wieder raus. Schau, da kommt seine Mutter und sucht ihn. Setz ihn raus, bei ihr ist er am besten aufgehoben.«

»Aber er hat doch keine Chance gegen diese Saurier! Er ist doch so klein.« Mara war den Tränen nahe.

»Gerade weil er so klein ist, hat er gute Chancen. Die Säugetiere haben so viele Vorteile gegenüber den Sauriern, dass sie eines Tages die Erde beherrschen werden.«

Mara nickte nachdenklich.

»Welche Vorteile sind das eigentlich?«, fragte sie.

»Da ist zuerst einmal ihre Schwangerschaft. Säugetiere tragen ihre Jungen im Bauch, bis sie geboren werden. Dort sind sie warm und sicher aufgehoben. Diese Neuerung ist die wirklich entscheidende. Denn stell dir vor, eine Mutter sitzt auf ihrem Nest und ein gefährlicher Angreifer nähert sich. Was kann sie tun. Sie kann sich tot stellen und hoffen, nicht bemerkt zu werden, oder sie kann weglaufen, um wenigstens ihr eigenes Leben zu retten. Niemals jedoch kann sie ihre Eier in Sicherheit bringen. Ein Säugetier jedoch läuft vor der Gefahr weg – mit dem Baby im Bauch. Das bleibt nicht zurück. Wenn es auf die Welt kommt, kann es meist schon laufen, zumindest ist die Phase, in der die Kleinen noch blind und unbeholfen sind, sehr viel kürzer als bei den Reptilien. Außerdem können sie bei der Mutter trinken.«

»Und sie hat die Nahrung für die Jungen immer bei sich. Sie muss sie nicht erst suchen gehen, wie die Saurier, und in dieser Zeit die Kleinen alleine lassen. Sie braucht nur Nahrung für sich selbst zu suchen. Das ist ein großer Vorteil.«

Mara nickte zustimmend.

»Im Rudel braucht sie auch keine Nahrung für sich selbst zu suchen, sie wird von den anderen versorgt. Und schon sehr bald laufen die Kleinen hinter der Mutter her. Du hast ja gesehen, wie die Geschwister von unserem Kleinen das gemacht haben. Sie wissen das genau, es ist in ihrer DNA gespeichert. Dieser Kleine da hat nicht aufgepasst, und wenn er das öfter macht, steht zu befürchten, dass in seiner DNA die Information ›Ich muss der Mutter nachlaufen‹ nicht so sicher gespeichert ist wie bei seinen Geschwistern. Er wird vermutlich schneller gefressen werden als sie und sich nicht vermehren können, weil er gar nicht alt genug wird. So wird die Information ›Ich muss der Mutter nachlaufen‹ nur von seinen Geschwistern weitergegeben. Nur so überleben sie.«

Bei diesen Worten drückte Mara das Kleine noch fester an sich. Tränen standen in ihren Augen.

»Meinst du, er ist nicht so gut fürs Leben gerüstet wie seine Geschwister? Dann hätte er ja kaum Chancen!«

»Das nächste Mal bleibt er sicher bei seiner Mutter«, versuchte der Chloroplast sie zu beruhigen, aber Mara hatte genau verstanden, wie unbarmherzig die Evolution auswählte. Schweren Herzens kniete sie sich mit dem Kleinen vor die Öffnung des Baumhauses und setzte ihn vorsichtig auf dem Boden ab.

»Bleib schön bei deiner Mama!«, konnte sie ihm nur noch zuflüstern, bevor auch schon die Mutter herankam und ihn beschnupperte, woraufhin das Kleine aufgeregt quietschte. Sie packte es am Genick und trug es zu den anderen Jungen. Alle folgten der Mutter ins Unterholz.

Mara setzte sich wieder auf die Bank, verschränkte ihre Arme auf dem Tisch und legte ihren Kopf darauf. Sie sah hinaus und grübelte.

»Er ist süß, aber gehört hierher. Eigentlich ist es wie in meiner Zeit. Die Lebewesen in der freien Natur kommen zurecht, wenn man sie sich selbst überlässt. Man sollte sich nicht einmischen«, sagte sie wie zu sich selbst und der Chloroplast hörte ihr nur zu, ohne etwas zu sagen. Schließlich hob sie den Kopf und sah ihn an. Sie lächelte und die Farbe kehrte langsam in ihr Gesicht zurück.

»Mein Kopf schwirrt immer noch. Ich kann das alles gar nicht fassen«, sagte sie erschöpft.

Der Chloroplast nickte und steuerte das Baumhaus aus der Lichtung hinaus. Sie flogen langsam über die dichten Wälder. Mara lehnte sich zurück.

»Wollen wir zurückfliegen?«, fragte der Chloroplast.

Sie zuckte nur matt mit den Schultern.

»Eigentlich nicht, aber ich bin so müde. Vielleicht könnten wir morgen noch eine Reise machen?«, fragte sie etwas unsicher.

»Du kannst kommen, sooft du willst. Ich bin da«, bot er an.

Da wurde Mara wieder blass.

»Ich muss bald abreisen. Übermorgen sind meine Ferien schon zu Ende.«

Der Chloroplast sah sie traurig an und versuchte gleichzeitig zu lächeln.

»Wir sind auf unserer Reise schon bald im Heute angelangt. Wenn du morgen noch einmal kommst, zeige ich dir die restliche Entwicklung bis heute.«

Mara nickte und schluckte traurig. Sie spürte den Zeitraffer, schloss die Augen und schon landete das Baumhaus im Garten von Tante Thea. Mara rutschte auf die Kante der Bank.

»Ich komme ganz bestimmt morgen«, versicherte sie dem Chloroplasten zärtlich.

»Dann machen wir unsere letzte Reise«, sagte der Chloroplast, nun auch etwas traurig.

Sie nickte und kletterte langsam aus dem Baumhaus.

Wenig später saß sie in der Küche vor einem Glas Apfelsaft und einem dick belegten Wurstbrot. Sie hatte gar nicht bemerkt, wie groß ihr Hunger war.

Nebenan spielte eine Schülerin von Thea auf dem Klavier. Das würde sie auch gerne können, aber wenn sie an die vielen Übungsstunden dachte. Sie seufzte nur. Das wäre nichts für sie.

Kurz darauf brachte Thea ihre Schülerin an die Tür und verabschiedete sich. Seltsam, dachte Mara, jetzt war diese Schülerin schon so oft hier gewesen und sie hatte sie weder einmal gesehen, noch kannte sie ihren Namen. Da kam ihre Tante strahlend in die Küche.

»Hallo Mara, morgen ist das Konzert von Silvia. Ich bin sicher, das wird ein großer Erfolg.«

»Sie spielt wirklich sehr schön«, nuschelte Mara mit vollem Mund.

»Und morgen ist ein ganz besonderer Tag. Wir gehen zusammen zu dem Konzert. Es wird dir gefallen!«

»Oh ja, dann gehen wir abends aus, toll!«, rief Mara begeistert.

»Nein es ist eine Matineevorstellung, also vormittags um 10 Uhr.«

Mara verschluckte sich fast vor Schreck. Vormittags wollte sie doch ein letztes Mal ins Baumhaus.

»Und wie lange dauert das?«, fragte sie enttäuscht.

»Etwa eine Stunde.«

»Dann sind wir zum Mittagessen wieder hier«, sagte sie erleichtert.

»Nein, wir sind danach von Silvias Familie zum Essen eingeladen.«

»Warum?« entfuhr es Mara.

»Na, weil ich die Klavierlehrerin bin und mich gut mit der Familie verstehe, und«, in Theas Stimme klang ein wenig Stolz mit, »und weil es das erste Konzert meiner besten Schülerin ist.«

Mara zwang sich zu einem Lächeln und fragte dann:

»Wohin gehen wir denn zum Essen?«

»Wir fahren nach dem Konzert in ein nettes Lokal, es liegt etwas außerhalb an einem See. Nach dem Essen wollen wir dort noch ein bisschen spazieren gehen.«

Nun konnte Mara nur noch entsetzt hervorbringen:

»Dann sind wir ja den ganzen Tag unterwegs!«

Thea ließ sich nicht beirren und versuchte sie zu begeistern:

»Das ist doch nett, mal eine Abwechslung und ein schöner Abschluss für deinen Besuch hier. Du musst doch übermorgen heimfahren.«

»Ja, eben«, sie klang kläglich. Niedergeschlagen saß sie vor ihrem Brot und starrte es an.

Thea wunderte sich und dachte, Mara würde so ablehnend reagieren, weil sie Silvia nicht kannte. Deshalb sagte sie:

»Silvia ist sehr nett, du wirst dich gut mit ihr verstehen.«

»Natürlich«, murmelte Mara. Bisher hatte sie nur daran gedacht, dass sie den Chloroplasten morgen nicht sehen würde, und nun wurde ihr auch noch bewusst, dass sie den ganzen Tag mit diesem Wunderkind verbringen müsste. Was sollte sie nur mit Silvia anfangen. Die verbrachte doch jede freie Minute am Klavier. Mara sackte enttäuscht in sich zusammen.

Als sie abends im Bett lag, überlegte sie fieberhaft, was sie tun könnte, um nicht mitgehen zu müssen. Sie könnte sagen, sie sei krank. Dann würde Thea aber sicher mit ihr zu Hause bleiben und sie konnte auch nicht ins Baumhaus gehen. Vollkommen erschöpft und verwirrt schlief sie ein.

Am nächsten Morgen war ihre Tante so aufgeregt, als wäre es ihr eigenes erstes Konzert. Mara half ihr beim Frühstück machen, nachdem Thea der Toast verbrannt und eine Tasse heruntergefallen war. Dann fuhren sie los.

Die Konzerthalle war von der Vormittagssonne durchflutet. An den Wänden gab es reiche Stuckverzierungen und dazwischen hingen große Bilder mit abstrakter Malerei. Die kräftigen Farben bekamen durch das hereinfallende Licht einen weichen Schimmer.

Mara saß alleine in der ersten Reihe, denn Thea war noch bei Silvia hinter der Bühne. Der Saal füllte sich, und endlich kam auch Thea wieder, so dass Mara nicht mehr jedem, der vorbeiging, erklären musste, dass der Platz neben ihr schon besetzt sei.

Thea setzte sich und knetete aufgeregt ihre Hände. Dann kam Silvia. Sie wirkte sehr klein auf der riesigen Bühne und ging schnell zum Flügel, der in der Mitte stand. Als sie sich setzte, verschwand sie fast dahinter. Mara holte tief Luft. Die Aufregung ihrer Tante war ansteckend und sie verschränkte die Hände ganz fest.

Silvia begann zu spielen. Der Klang des Instruments erfüllte den Saal. Zarte Töne schlichen in der Luft, um plötzlich als grelle Lichtblitze durch den Raum zu fegen und wieder weit weg geschleudert zu werden. Zurück blieb ein tiefes, ruhiges Blau, aus dem sich wie aus einem Meer Wellen und Wolken erhoben, um sich schließlich langsam aufzulösen.

Tosender Applaus schreckte Mara aus ihren Gedanken auf. Das Konzert war zu Ende. Auch sie klatschte, viele riefen »Zugabe!«.

Silvia spielte noch ein kurzes Stück, dann erhob sie sich und verbeugte sich mehrmals nach allen Seiten, aber ihr Blick war abwesend. Die Leute standen auf und verließen den Saal. Thea drängte Mara, mit hinter die Bühne zu kommen. Silvia stand dort mit ihren Eltern. Thea umarmte das Mädchen herzlich.

»Das war wundervoll, ich kann dir gar nicht sagen, wie schön es war.«

Nun gab Mara Silvia die Hand und murmelte dabei vor sich hin, dass es ihr gut gefallen hätte. Alle redeten durcheinander und berieten, wer bei wem im Auto mitfahren sollte. Mara stand mit hängenden Schultern da. Sie sah auf ihre Uhr und dachte an den Chloroplasten.

»Nun komm schon, wir fahren!«, rief Thea. Die anderen waren schon beim Ausgang. Mara lief langsam hinterher.

Die Terrasse des Lokals lag unter großen Kastanienbäumen und Mara sah, ohne sich dessen bewusst zu sein, suchend in die Blätter. Am Rand standen bunte Sonnenschirme. Nach dem Essen schlug ihre Tante vor, Mara sollte doch mit Silvia ein wenig spazieren gehen. Sie schauten sich kurz an und schlenderten dann gemeinsam zu einem kleinen Steg, der über einen Bach führte.

»Setzen wir uns hierhin?«, schlug Silvia vor.

»Okay«, willigte Mara ein. Sie saßen schon eine Weile, als Mara endlich sagte:

»Dein Konzert hat mir gut gefallen.«

»Danke«, antwortete Silvia, die anscheinend froh war, dass Mara das Schweigen gebrochen hatte. »Weißt du, ich spiele für mein Leben gerne Klavier.«

»Du übst ja auch sehr viel, da muss es dir schon Spaß machen«, erwiderte Mara.

»Stimmt. Was machst du denn gerne, hast du auch ein Hobby?«

Mara hatte eigentlich keins. Sie tat mal dies und mal das gerne. Jetzt wollte sie vor Silvia aber nicht so dastehen, als täte sie nichts Vernünftiges. Deshalb sagte sie:

»Die Paläontologie!«

»Was ist denn das?«

»Also, das ist die Wissenschaft, die sich mit der Entwicklung des Lebens in früheren Zeiten beschäftigt. Mit ausgestorbenen Pflanzen und Tieren.«

Silvia sah sie so interessiert an, dass sie fortfuhr. Und Mara erzählte die Geschichte, die sie mit dem Chloroplasten erlebt hatte, ohne jedoch den Chloroplasten und die Zeitreise zu erwähnen. Sie erzählte von den kleinen Einzellern, die anfingen, das Sonnenlicht zu nutzen, wie sie zu Vielzellern wurden, die sterben mussten, über den Landgang der Pflanzen und der Tiere, von den Steinkohlewäldern, die untergingen, und den Nadelwäldern, die nach dieser Katastrophe die Erde wieder grün werden ließen.

Silvia hörte die ganze Zeit zu und Mara spürte, wie gut es ihr tat, über das Erlebte zu sprechen. Als sie bei den Säugetieren angelangt war, beendete sie ihren Vortrag und sah in Silvias ernstes Gesicht.

»Weißt du«, sagte Silvia und sah auf den Bach, »es ist seltsam, aber mir geht es mit meiner Musik so wie dir mit der Paläo ... oder wie das heißt.«

»Paläontologie«, half Mara ihr.

»Wenn ich Klavier spiele, bin ich auch in einer ganz anderen Welt. Dann kann ich Wesen sehen, die in Wirklichkeit gar nicht existieren – oder vielleicht früher einmal existiert haben«, sagte sie mit einem Seitenblick auf Mara. »Manchmal sind sie so riesig wie die Steinkohlenwälder, die du beschrieben hast, und manchmal so

vor 3650–3600 3400 3200 3000 2800 2600 2400 2200 2000 1800 1600 1400 1200 1000 800 600 400 200 100 1–0 Millionen Jahren wild wie die gefräßigen Raubtiere. Sie können ganz klein und zart sein wie Farne, die sich im Wind wiegen, und wenn sich manchmal die Erde auftut, erhebe ich mich in die Luft und schwebe darüber hinweg.«

»Du schwebst darüber hinweg? Mit deiner Musik?« Wie mit dem Baumhaus, dachte Mara.

»Ja«, sagte Silvia und schaute in die Ferne, als würde sie dort etwas fixieren, »die Tonreihen leben, sie sind wie Wesen aus einer anderen Welt, oder«, nun sah sie wieder zu Mara, »aus einer anderen Zeit.«

»Und ich dachte immer, Klavierüben wäre langweilig«, flüsterte Mara.

»Und ich dachte immer, es wäre langweilig, in einem Baumhaus zu sitzen.«

Mara schluckte. Sie sahen sich eine Weile an, dann begannen sie gleichzeitig zu lachen, prustend saßen sie auf dem kleinen Steg.

»Na ihr beiden, was gibt's denn zu lachen?« Thea und Silvias Eltern standen vor ihnen.

»Wir fahren zurück, kommt ihr?«

Mara schoss es wie ein Blitz durch den Kopf, wie viel Zeit wohl schon vergangen war, seit sie sich mit Silvia am Bach niedergelassen hatte. Sie schaute auf ihre Uhr, es war halb fünf. Das könnte sie noch schaffen! Sie verabschiedete sich von Silvia, dann stiegen sie ins Auto. Die Fahrt dauerte lange und Mara saß wie auf Kohlen.

»Wenn wir zurück sind, würde ich mich gerne noch ein bisschen ins Baumhaus setzen«, sagte sie und fügte leise hinzu, »solange es noch hell ist.«

»Es ist noch lange hell, das wird schon gehen«, sagte Thea gut gelaunt. »Es hat mich gefreut, dass du dich anscheinend gut mit Silvia verstanden hast.«

»Sie ist wirklich sehr nett, ich dachte, sie sei so ein langweiliges Wunderkind. Sie hat mich gefragt, ob ich in den nächsten Ferien wiederkomme.«

Thea sah Mara lächelnd an und sagte:

»Gerne, du kannst jederzeit kommen, das weißt du.«

Mara nickte.

»Vielleicht klappt es, das wäre schön.«

Endlich kamen sie an. Mara lief zum Baumhaus. Ihr Herz klopfte und zitternd stieg sie die Leiter hinauf. Hoffentlich war er noch da! Sie war noch nicht ganz auf der letzten Stufe angekommen, da rief sie schon ganz leise:

»Chloroplast! Bist du da?«

Er sah sie mit seinen großen Augen an. Sie hätte fast losgeheult, so erleichtert war sie, ihn zu sehen. Dann sprudelte es aus ihr heraus: das Konzert, das Mittagessen in dem Lokal, die Unterhaltung mit Silvia und die lange Rückfahrt.

»Ich bin froh, dass du noch gekommen bist«, sagte er, und dann verblüffte er Mara mit den Worten: »Ich wäre gerne in das Konzert mitgekommen – ich liebe Musik. Deshalb fühle ich mich hier im Garten deiner Tante so wohl, wenn sie Klavier spielt.« Verträumt sah er in die Ferne.

»Wollen wir los?«, fragte Mara zaghaft und riss ihn aus seinen Gedanken. Er sah sie irritiert an.

»Natürlich, heute ist ja dein letzter Tag«, sagte er.

»Ich muss morgen abreisen, leider«, erwiderte sie wehmütig.

7. Reise

Also dann nichts wie los!« Bei diesen Worten spürte Mara schon den Schwindel, Nebel machte sich breit und sie schloss die Augen, bis das Schwindelgefühl nachließ.

Sie flogen über eine Landschaft, in der sich das dunkle Grün hoher Nadelbäume von Flusstälern und sandigen Seenplatten abhob. Als sie eine Gruppe riesiger Dinosaurier sah, lief es Mara kalt über den Rücken und sie musste an den kleinen Säuger im Wald denken.

»Wie ist es überhaupt möglich, dass sie so groß werden?«, murmelte sie.

»Die Erbanlagen in ihren Zellkernen haben sich von Generation zu Generation verändert, bis sich Dinosaurier entwickelt haben.« Mara nickte.

»Dieser Dinosaurier steht da, als könnte ihm nichts etwas anhaben«, sagte sie mit Blick auf einen haushohen Brontosaurier, der sich vor einigen kleineren Sauriern, die auf ihren Hinterbeinen liefen und ihn umringten, zu seiner vollen Größe aufrichtete und einfach weiterstampfte. Als die kleineren Saurier immer näher kamen, schlug er sie mit seinem kräftigen Schwanz, wie ein Pferd, das Fliegen abwehrt, so dass sie umfielen.

»Er wirkt sehr stark«, sagte der Chloroplast, »aber seine Abhängigkeit von der Umwelt ist größer als die von kleinen Tieren. Er ist ein Pflanzenfresser und braucht so viel Nahrung, dass er über kurz oder lang einen ganzen Wald auffrisst. Viele Pflanzen dieser Zeit haben sehr harte Blätter entwickelt, um nicht gefressen zu werden.«

»Viel hat das nicht geholfen«, sagte Mara, als sie sah, wie der Bronto

saurier einige Bäume umwälzte, um an die zarten Farne am Waldboden zu gelangen.

»Tiere, die kleiner sind und weniger Nahrung brauchen, kommen besser durch«, überlegte Mara, »sie können sich auch in Höhlen verkriechen, wenn sie in Gefahr sind.«

»Und wenn es kälter wird«, fügte der Chloroplast hinzu.

»Wird es denn wieder kälter? Kommt wieder eine Eiszeit?«, fragte Mara ängstlich.

»Nein, nicht ganz so schlimm, aber es kühlt ab, und für viele, die sich an die warmen Temperaturen, die hier seit fast 100 Millionen Jahren herrschen, gewöhnt haben, war es eine tödliche Abkühlung.«

Er flog mit ihr über die Seenplatte und über einen dichten Waldgürtel, hinter dem sich das Meer erstreckte. Mara beugte sich hinaus. An der steil ins Meer abfallenden Felswand hingen Muscheln, manche so groß wie Autoreifen. Ihre Schalen schienen aus lauter kleinen Kristallen zusammengesetzt zu sein, die im Wasser glitzerten.

»Diese Muscheln sehen aus, als wären sie aus Stein, wie der Fels, an dem sie hängen. Was fressen die eigentlich?«, fragte Mara.

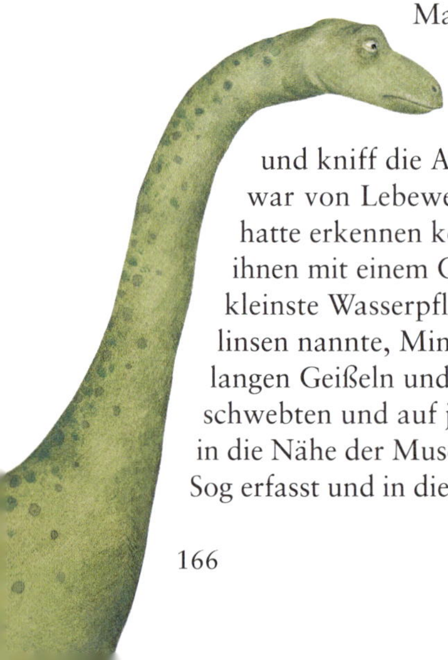

»Plankton. Schau genau hin!«

Das ließ sich Mara nicht zweimal sagen, sie beugte sich weiter hinaus und kniff die Augen zusammen. Das klare Wasser war von Lebewesen bevölkert, die sie vorher nicht hatte erkennen können. Winzige Algen, manche von ihnen mit einem Gehäuse aus regelmäßigen Mustern, kleinste Wasserpflanzen, die der Chloroplast Wasserlinsen nannte, Miniwürmer mit Borsten, Einzeller mit langen Geißeln und Miniaturschnecken, die im Wasser schwebten und auf jede Strömung reagierten. Wenn sie in die Nähe der Muscheln kamen, wurden sie von einem Sog erfasst und in die Muschel hineingezogen.

»Diese Muscheln leben hier wie im Schlaraffenland, das Fressen schwebt im Wasser und sie brauchen es nur in sich hineinzustrudeln«, staunte Mara.

»Solange genug da ist. In diesem Meer gibt es reichlich Nahrung für sie. Es ist warm und die Bedingungen sind ideal«, sagte der Chloroplast und blickte nach unten auf das Treiben im Wasser.

»Wir fliegen mal 10 Millionen Jahre weiter«, kündigte er an und beschleunigte den Zeitraffer. Es wurde kälter. Mara verschränkte die Arme und rieb sich warm. Sie waren noch immer über der gleichen Steilküste. Die Felsen ragten aus dem Meer, aber das Wasser war ganz trüb geworden.

»Wo sind die Muscheln, ich kann sie in dem trüben Wasser gar nicht mehr erkennen«, sagte Mara.

»Sie sind nicht mehr da. Es ist zu kalt geworden für das Plankton, deshalb sind die großen Muscheln verhungert. Nachdem es sie viele Millionen Jahre auf dieser Erde gegeben hat, haben sie diese Klimaveränderung nicht überlebt.«

»Könnten wir wieder über Land fliegen, hier über dem Meer ist es so feucht und ungemütlich«, bat Mara. Sie dachte darüber nach, was wohl an Land mit den Pflanzen und Tieren geschehen war. Fragend sah sie den Chloroplasten an.

»Ist es sehr schlimm?«

Er runzelte die Stirn und das Baumhaus flog ins Landesinnere. Die Pflanzendecke war dünner geworden und nur wenige Tiere waren unterwegs. Mara sah erschrocken nach oben, als sie einen Schatten über dem Baumhaus bemerkte. Es war ein Quetzalcoatlus, wie sie schon einen vor zehn Millionen Jahren gesehen hatten. Knarrend segelte er mit seinen riesigen, ledrigen Flügeln über sie hinweg. Aber da war noch etwas anderes. Hoch über dem Baumhaus blitzten Tausende von kleinen Lichtern, und noch weiter entfernt sah sie einen Schatten auf die Erde zukommen. Auch der Chloroplast hatte ihn bemerkt und blickte starr nach oben.

»Ein Meteor!«, kreischte er.

»Ein Meteor?« War das nicht ein Gesteinsbrocken aus dem Weltall?, überlegte Mara.

Die Erschütterung, als der Meteor auf der Erdoberfläche aufschlug, war sogar im Baumhaus zu spüren, das hoch über dem Boden schwebte. Mara, die sich weit hinausgebeugt hatte, klammerte sich entsetzt mit beiden Händen an eine der Verstrebungen, kauerte sich auf die Bank und klemmte ihre Füße darunter.

Die Hitze, die durch den Einschlag entstanden war, versengte die Erdoberfläche, als wäre sie ein dünnes Papier über der Flamme einer Kerze. Nichts blieb übrig außer Asche und Staub, die schwer in der Luft hingen und langsam den Himmel verdunkelten.

Mara sah zum Chloroplasten, der die Augen halb geschlossen hatte. Blitzartig schossen ihr seine Worte durch den Kopf: »Wenn es dunkel wird, schlafe ich ein. Ich kann nur bei Licht wach sein.« Bald würde es ganz dunkel sein und er würde unweigerlich einschlafen. Sie schrie ihn an:

»Chloroplast! Der Zeitraffer!« Ihre Stimme überschlug sich fast. »Du musst den Zeitraffer beschleunigen!«

Im schwächer werdenden Licht konnte sie gerade noch erkennen, wie er sie verschlafen anblinzelte. Mara sprang auf und stieß sich den Kopf am Dach des Baumhauses an. Stöhnend sank sie auf die Bank zurück. Eine Beule wuchs an ihrem Kopf.

Nun war es stockfinster. Sie riss ihre Augen so weit auf, dass sie das Gefühl hatte, sie würden aus den Höhlen heraustreten, und starrte in die Dunkelheit, die jedes Gefühl für den Raum schluckte. Es war sehr warm geworden und der Schweiß brannte in ihren Augen. Trotzdem konnte sie nicht aufhören, in dieses Nichts zu starren, in dem sie sich aufzulösen drohte. Mit einer Hand tastete sie nach der Bank, auf der sie saß, mit der anderen hielt sie sich den Kopf. Sie wollte den Chloroplasten anschreien, dass er wieder wach würde und den Zeitraffer beschleunigte, aber ihr gelang nur eine leises »Chloroplast«, das sich eher wie ein Krächzen anhörte. Sie versuchte, tief zu atmen, um Kraft zu sammeln. Als sie den Chloroplasten noch einmal anschreien wollte, spürte sie ein leichtes Schwindelgefühl. Der Zeitraffer lief, wenn auch nicht sehr schnell. Langsam wurde es heller. Das Licht blendete ihre Augen. Sie kniff sie zusammen und hielt schützend ihre Hand davor.

»Chloroplast«, sagte sie leise, »wo sind wir?« Sie bemerkte erleichtert, dass er seine Augen öffnete.

»Was war das?«, fragte sie ihn etwas lauter. »Ich dachte, diese Dunkelheit hört nie mehr auf, was ist nur passiert?«

Der Chloroplast sah sehr mitgenommen aus. Die Linien in seinem Gesicht waren verschoben. Er war genauso erschrocken wie Mara.

»Das war ein Meteor!« Seine Stimme klang rau, als er langsam weitersprach: »Ich hätte nicht gedacht, dass er so bald kommen würde. Ich habe mich um ein paar Jahre vertan. Gut, dass du so laut geschrien hast. Sonst wäre ich gleich eingeschlafen und wir hätten Jahre in dieser Dunkelheit verbringen müssen.«

»Jahre?«, flüsterte Mara entsetzt, und das ganze Ausmaß der Katastrophe wurde ihr langsam bewusst. Nachdem die Gefahr vorüber war und ihre Anspannung ein wenig nachließ, fingen ihre Knie an zu zittern, ebenso wie ihre Hände, mit denen sie sich die schweißnassen Haare aus der Stirn strich. Sie krümmte sich nach vorne und verschränkte die Arme über der Brust. So kauerte sie eine Weile.

»Wie konnte dieser Meteor nur so früh kommen? Wie konnte mir das passieren?«, murmelte der Chloroplast immer wieder vor sich hin, und zu Mara gewandt sagte er zerknirscht: »Ich werde besser aufpassen! Es wird nicht mehr vorkommen.«

vor
3650–3600
3400
3200
3000
2800
2600
2400
2200
2000
1800
1600
1400
1200
1000
800
600
400
200
100
1–0
Millionen Jahren

Mara atmete heftig und machte nach jedem Wort eine Pause, als sie sagte:

»Abgemacht! Kein Meteor mehr!«

Jetzt richtete sie sich auf und sah ihn an. Sie wollte nicht glauben, dass sie wirklich in Gefahr gewesen war. Immer wieder hatte der Chloroplast ihr versichert, dass ihr im Baumhaus nichts passieren könnte.

»Jahrelange Dunkelheit, ohne zu essen oder zu trinken ... das hätte ich gar nicht überlebt, oder?« fragte sie ihn.

Er aber schüttelte den Kopf und bestätigte ihr noch einmal, wie sicher sie im Baumhaus wäre.

Mara nickte und etwas ruhiger sagte sie:

»Es war furchtbar!«

»Ich bringe dich sicher zurück«, sagte der Chloroplast mit fester Stimme.

Mara glaubte ihm. Sie waren gemeinsam durch 3600 Millionen Jahre gereist. Sie fühlte sich sicher im Baumhaus. Vor allem aber liebte sie es, so viele neue Dinge zu sehen und auf alle ihre Fragen Antworten zu bekommen.

Die nächste Frage stellte sie, um sie beide von den schrecklichen Erlebnissen abzulenken:

»Was ist eigentlich ein Meteor?«

Dankbar für den Themenwechsel erklärte der Chloroplast:

»Das ist ein Gesteinsbrocken aus dem Weltall. Wenn er in die Erdatmosphäre eintritt, fängt er an zu glühen, und wenn er so groß ist, dass er nicht vollständig verglüht, stürzt er als Feuerball auf die Erdoberfläche. Alles Leben in der Nähe verbrennt, Asche und Rauch steigen auf und verdunkeln den Himmel. Was bleibt, ist ein tiefer Krater.«

Mara schluckte.

»Aber jetzt ist es vorbei.«

Zum ersten Mal seit dem Meteoreinschlag betrachtete sie die Landschaft eingehender.

»Sag mal, sind wir in der Zeit zurückgeflogen?«, fragte sie

verwundert. »Überall wachsen Farne. So hat es doch ausgesehen, kurz nachdem die Pflanzen an Land gegangen waren. Und es ist sehr warm. Was ist mit den Bäumen. Ich sehe gar keine mehr. In welcher Zeit befinden wir uns?«

»Vor 65 Millionen Jahren«, erwiderte der Chloroplast. »Wir sind nicht zurückgeflogen. Nachdem der Meteor auf der Erde aufgeschlagen war, haben diese Farne nach der langen Dunkelheit das Land als erste wieder besiedelt.«

»Sind bei dieser Katastrophe viele gestorben?« Mara hatte ihren ganzen Mut für diese Frage zusammengenommen, denn sie ahnte, was kommen würde.

Der Chloroplast nickte.

»Viele«, wiederholte er, »für viele Arten war es vorher schon schwierig geworden wegen des Klimawechsels und der Kälte. Es wuchsen weniger Pflanzen, die Tiere fanden weniger zu fressen und dann noch ein so großer Meteor.«

»Ich sehe gar keine Saurier mehr und auch sonst habe ich noch kein Tier gesehen.«

»Es gibt keine Saurier mehr, sie sind ausgestorben.«

»Aber es gab doch so viele?«

»Vielen ist es schon vor dem Meteoriteneinschlag schlecht gegangen, auch wegen der Kälte. Aber das war nicht die einzige Ursache. Die kleinen Säugetiere raubten ihre Nester aus, manche wurden von seltsamen Krankheiten befallen. Und so kam es, dass es irgendwann überhaupt keine mehr gab.«

»Sind noch andere ausgestorben?«, fragte Mara zögernd.

»Muscheln, Ammoniten, einige Pflanzen, alle Ginkgoarten bis auf meinen«, zählte der Chloroplast auf.

Mara stöhnte.

»Aber viele Pflanzen haben sich wieder erholt«, versuchte er sie aufzumuntern.

Sie flogen mit dem Zeitraffer fünfzehn Millionen Jahre weiter über einen Laubwald und ein breites Tal, durch das sich ein kleiner Fluss bis zu einem See schlängelte. Am Waldrand leuchteten helle Blüten und auf saftigen Wiesen wuchs hohes Gras.

Mara atmete die Luft tief ein, bis es ihr ein wenig besser ging. Alles war so friedlich, als hätte es auf der Erde niemals Katastrophen gegeben.

»Ich kann mir gar nicht vorstellen, dass es gar keine Dinosaurier mehr gibt«, sagte Mara unvermittelt. »Von einer so großen Gruppe muss doch etwas geblieben sein.«

»Es gibt Nachfolger der Dinosaurier. Ich wollte sie dir gerade zeigen.«

Sie flogen näher an den See heran, in dessen Uferbereich weiße Seerosen schwammen. Am gegenüberliegenden Ufer standen Flamingos auf ihren langen, rosaroten Beinen im Wasser.

»Ist das schön hier«, flüsterte Mara.

»Das sind sie!«, sagte der Chloroplast.

Mara drehte sich erstaunt zu ihm um. Sie deutete auf die Flamingos.

»Diese zarten Vögel sollen die Nachfolger der Dinosaurier sein?«

»Schau sie dir genau an: die Beine, die Stellung des Beckens, denk dir statt der Federn Schuppen und vergleiche diese Vögel dann mit einem Velicoraptor.«

Er hatte Recht. Die Haltung dieser Vögel war ähnlich, auch wenn sie so zartgliedrig waren, dass es vieler Fantasie bedurfte, ihre Verwandtschaft mit den stämmigen Sauriern zu erkennen.

»Sind alle Vögel die Nachkommen der Dinosaurier?«, fragte Mara. Der Chloroplast nickte und Mara sagte nachdenklich: »Sie legen Eier, haben ihre Beine unter dem Körper, sie stehen aufrecht und recken den Hals vor. Jetzt sehe ich es deutlich. Und sie haben überlebt, weil sie fliegen können. Sie kommen weit herum, wenn sie Nahrung suchen, und fliegen den Raubtieren, die am Boden leben, einfach davon.«

»So ist es! Und die Pflanzen haben sich zunutze gemacht, dass sie weit herumkommen.« Und mit einem schrägen Grinsen fügte er hinzu: »Die modernen Pflanzen mit ihren auffälligen Blüten!«

Mara sah ihn lächelnd an. Sie freute sich, dass der Chloroplast nicht mehr so wütend war auf diese modernen Pflanzen, wie er sie nun nannte.

»Sie haben das gleiche Problem wie alle anderen Pflanzen auch«, fuhr er fort. »Sie müssen ihre Samen weit wegbringen. Wenn sie nämlich zu nah bei ihren Mutterpflanzen auskeimen, bekommen sie nicht genug Wasser und Licht. Aber so ein Samen hat nun mal keine Beine. Weißt du eigentlich, was die Pflanzen mit ihren Samen machen, damit sie von Tieren mitgenommen werden?«

Mara überlegte, doch bevor sie etwas sagen konnte, fuhr der Chloroplast fort:

»Sie hüllen ihre Samen ein, in wunderschöne Beeren, Nüsse und Hülsenfrüchte. Von den leckeren Steinfrüchten will ich gar nicht reden. Was glaubst du, wer da alles kommt, um zu fressen und zu verbreiten. Da konnte ich mit meinen stinkenden Samen in der roten Schale nicht mithalten. Genauso wenig wie die anderen Nadelbäume mit ihren verholzten Zapfen, deren Samen mit dem Wind fliegen müssen. Du kannst dir vorstellen, wie weit sie damit kommen. Die Farbe Rot lieben die Vögel am meisten. Sie fliegen darauf zu, fressen die Früchte, der Samen wandert durch ihren Darm und kommt weit entfernt von der Mutterpflanze wieder heraus. Dann liegt er in einem Kotbett und hat gute Chancen auszukeimen.«

»Du meinst Kirschen, Vogelbeeren, Johannisbeeren«, sagte Mara und der Chloroplast nickte. Er lenkte das Baumhaus über eine Wiese.

Ein Säbelzahntiger streifte durch das hohe Gras. Immer wieder blieb er stehen und hob witternd seine Nase in die

Luft, so dass Mara seine gefährlich gebogenen Zähne sehen konnte.

»Der ist auf der Suche nach Fleisch, der nimmt keine Samen mit«, lachte sie.

»Tut er doch, schau dir mal das Fell genau an!« Stolz klang in der Stimme des Chloroplasten mit. »Überall hängen Grassamen. Sie haben Haare mit Widerhaken, die so genannten Grannen, die im Fell hängen bleiben.«

»Diese Samen haben Glück, denn auf dieser dicht bewachsenen Wiese ist wirklich kaum noch Platz zum Auskeimen«, sagte Mara und schaute sich dabei um.

Am Waldrand graste eine Gruppe Urelefanten. Manche fraßen Blätter von den Bäumen. Der Säbelzahntiger schlich heran und duckte sich in angespannter Haltung. Doch nach einer Weile entspannte er sich und trottete an den Fluss, um zu trinken. Dabei beobachtete er auf der gegenüberliegenden Seite eine Herde von Urpferden, so groß wie Schafe.

»An die Elefanten traut er sich nicht heran, aber diese Pferdchen mit ihren Jungen wären schon eine Beute für ihn«, flüsterte Mara, »und wenn er die Grassamen verbreitet, sorgt er dafür, dass diese Pferdchen etwas zu fressen haben und sich vermehren. Er kümmert sich um die Nahrung seiner Beute!«

Der Chloroplast nickte.

»Genau genommen kümmern sich die Grassamen darum. Immer mehr Pflanzen entwickeln nun solche Strategien für ihre Verbreitung«, erklärte der Chloroplast.

»Das hast du doch schon mit deinem Ginkgo gemacht«, meinte Mara und lachte, als sie an den Lystrosaurus dachte, der von weit her gelaufen kam, um den stinkenden Samen zu fressen.

Sie flogen zum See zurück, um sich nun die Seerosen genauer anzusehen. Käfer krabbelten auf den Blüten herum.

Sie fraßen ein gelbes Pulver, mit dem sie über und über bestäubt waren. Schwankend bewegten sie sich auf den großen Blüten und flogen bald zur nächsten.

»Was fressen diese Käfer da?«, fragte Mara.

»Pollen oder Blütenstaub. Für die Pflanzen war das günstig, denn der Pollen wird von den Käfern ganz gezielt zu einer anderen Seerosenblüte gebracht, und die Bestäubung ist gesichert«, erklärte ihr der Chloroplast.

»Ich dachte, die Pflanzen geben den Bestäubern Nektar.«

»Das kommt erst später«, erwiderte er. »Die Blüten der Seerosen haben noch keinen Nektar. Sie gehören zu den ältesten Blüten, die einen Fruchtknoten haben. Auffällig an ihnen ist, dass sie kreisrund sind und die Anzahl der Blütenblätter bei jeder Blüte noch verschieden ist.«

»Das heißt, man kann sie nicht bestimmen, indem man die Blütenblätter ausreißt und zählt?«, wollte Mara wissen.

Der Chloroplast verzog sein Gesicht.

»Das ist sowieso Unfug«, sagte er. »Die Menschen mit ihrer Zählerei und ihren Bestimmungsbüchern!« Er schüttelte den Kopf. »Bei modernen Blüten ist zwar jedes Blatt wichtig, aber nicht wegen der Anzahl, sondern damit die Bestäubung funktioniert. Denn die modernen Blüten besitzen Nektar, das ist billiger Zuckersaft, den sie den Insekten anbieten, um Pollen zu sparen. Den Pollen verstecken sie gut, denn er enthält fast ausschließlich DNA, und das ist die teuerste Substanz in den Lebewesen.«

»Wo verstecken sie den Pollen?«, fragte Mara.

»Wir fliegen noch mal zehn Millionen Jahre weiter, dann zeig ich dir moderne Pflanzen.«

Sie flogen weiter in der Zeit, bis der Chloroplast erklärte:

»Vor etwa 50 Millionen Jahren entwickelten sich hier Tiere, die für die Pflanzen sehr wichtig wurden.«

Über einer bunten Blumenwiese schwirrten Bienen, Hummeln und Käfer.

»Schau dir diesen Salbei an.« Sie flogen ganz nah an einen Blütenstand aus violetten, unsymmetrischen Blüten heran.

»Diese unregelmäßigen Blütenformen sind modern. Die ursprüngliche Form war kreisrund wic dic Blüte der Seerose oder die der Magnolie.«

Mara legte sich auf den Boden des Baumhauses und sah zur Öffnung hinaus, so dass sie direkt in einige der Blüten, die wie ein Maul mit einer oberen und einer unteren Lippe geformt waren, hineinschauen konnte. Schon kam eine Hummel und setzte sich auf die Unterlippe. Die Hummel rollte ihren Rüssel aus, steckte ihn in den Schlund der Blüte und trank Nektar.

»Boing!«, rief Mara, als im selben Moment ein Staubblatt, das aus dem oberen Blütenblatt hervorragte, auf den Rücken der Hummel herunterklappte und ihn mit gelbem Staub bedeckte.

»Stört sie das nicht?«, fragte Mara interessiert.

»Wahrscheinlich ist sie es gewohnt, wenn sie am Salbei Nektar trinkt«, entgegnete der Chloroplast.

Das Staubblatt vertrocknete und zog sich in die Oberlippe zurück.

Als nun eine mit Blütenstaub gepuderte Hummel auf der Unterlippe landete, sagte Mara wieder »Boing!«, denn auch diesmal klappte ein Hebel aus dem oberen Blütenblatt auf den Rücken des Tieres. Diesmal wurde aber nicht das Tier bestäubt, sondern der Staub vom Rücken der Hummel blieb an dem Hebel kleben.

»Das ist die Narbe«, erklärte der Chloroplast. »Sie nimmt den Blütenstaub, den die Hummel von einer anderen Pflanze mitgebracht hat, auf. Dann wandern die Pollen zu den Eizellen und verschmelzen mit ihnen.«

»Raffiniert, dann haben die Zellkerne, was sie wollten: DNA von einer anderen Salbeipflanze! Denn die Narbe kommt mit dem Pollen der gleichen Blüte gar nicht in Berührung, weil sie nicht zur gleichen Zeit reif sind.«

Noch eine Hummel landete auf der Blüte, flog aber enttäuscht weiter, weil kein Nektar mehr da war.

»Der Rüssel der Hummel und die Blüte passen genau zusammen, das ist kein Zufall, oder?«, wollte Mara wissen.

»Zufall und Auslese. Die Zellkerne haben sich so verändert, dass die Blüte diesen Hebelmechanismus ausgebildet hat. Dieser bewährte sich und die Pflanzen konnten sich weit verbreiten. Die Hummeln fanden mehr zu fressen, vermehrten sich, bestäubten immer mehr Salbeiblüten, es bildeten sich mehr Samen, und so ging es weiter.«

»Was erfolgreich ist, setzt sich durch«, überlegte Mara.

»Sehr oft; in den folgenden Jahrmillionen haben die Pflanzen immer raffiniertere Tricks entwickelt, um Tiere anzulocken, die mit möglichst wenig Pollen die Bestäubung sicherten. Die Vorteile sind groß«, erklärte der Chloroplast weiter. Er sah dabei in die Ferne und auf seiner Stirn bildeten sich Falten. »Lange genug war nur der Wind der Bestäuber gewesen und die Pflanzen mussten riesige Mengen Pollen produzieren, weil so viel davon irgendwo landete, nur nicht auf einer weiblichen Blüte.«

»Gibt es denn noch viele, die vom Wind bestäubt werden, ich meine, außer deinem Ginkgo?«

»Der Wind ist noch immer der unentbehrliche Bestäuber bei der Buche, der Weide, der Hasel und der Birke, um nur einige zu nennen.«

»Und bei den Nadelbäumen«, ergänzte Mara.

»Der Wind als Bestäuber hat auch Vorteile.« Der Chloroplast lächelte. »In Gegenden, in denen es wenig Tiere gab, oder nach Eiszeiten war es besser, unabhängig von tierischen Bestäubern zu sein.

Pflanzen, die Tiere brauchen, müssen sich einiges einfallen lassen, um sie anzulocken. Wir fliegen noch einmal 10 Millionen Jahre weiter.« Auf seinem Gesicht machte sich ein Grinsen breit und Mara spürte den Zeitraffer.

»Orchideen«, sagte der Chloroplast und deutete auf eine Blumenwiese. Im ersten Moment war Mara unsicher, welches Insekt auf der länglich geformten lila Blüte saß, bis sie bemerkte, dass es die Blüte selbst war, die aussah wie eine Biene. »Diese Blüten sehen aus wie ein weibliches Insekt und die männlichen Bienen kommen angeflogen in der Hoffung, eine Partnerin zu finden.« Der Chloroplast lachte.

»Sie fliegen drauf, im wahrsten Sinne des Wortes«, sagte Mara und lachte mit.

»Und sie landen auch«, sagte der Chloroplast, »sie nehmen dabei Pollen mit und bekommen oft nicht einmal Nektar dafür.«

»Die männlichen Hormone«, lachte Mara.

»Das funktioniert bei der Bienenragwurz, aber auch bei der Fliegen-, Hummel- und Spinnenragwurz.« Er zeigte ihr diese Pflanzen.

»Spinnen als Bestäuber!«, staunte Mara. »Da haben die Männchen aber Glück, dass sie nach der Befruchtung dieses pflanzlichen Weibchens nicht aufgefressen werden.«

Sie grinsten einander an.

»Kommt da nicht einiges durcheinander?«, fragte Mara.

Der Chloroplast sah sie an und wurde ernst.

»Das ist Leben: Tricks, Täuschung, Hunger, DNA weitergeben.«

»Und dabei«, Mara holte mit den Armen weit aus, »diese Vielfalt schaffen.«

Sie blickten andächtig über das Blütenmeer, auf die summenden Insekten und die grasenden Tiere.

Der Chloroplast beschleunigte den Zeitraffer. Sie kamen in einen warmen, feuchten Wald.

»Viele Insekten gehen ein hohes Risiko ein, um an Nektar zu kommen. Es gibt Insektenfresser, die aussehen wie Blüten.« Er deutete mit den Augen auf eine Orchidee. »Hier zum Beispiel.« Mara beugte sich über die weißen Blüten.

»Siehst du die Gottesanbeterin dort?«

Mara schüttelte den Kopf.

»Wo ist da eine Gottesanbeterin?«

»Dort!« Er deutete noch einmal auf die Blüte, bis Mara das fingerlange Insekt darin entdeckte. Ebenso weiß und regungslos wie die Blütenblätter selbst saß es wie eine Statue mittendrin. Die langen Vorderbeine eingeklappt wartete es auf seine nach Nektar suchende Beute. Als sich eine Wespe näherte, schnellten die zangenartigen Beine vor. Die Wespe hatte keine Chance, den spitzen Dornen am inneren Rand der Fangbeine zu entkommen. Der tödliche Biss folgte und das leblose Tier wurde verspeist.

»Jetzt verstehe ich, was du meinst, ein Trick folgt dem anderen!«, murmelte Mara.

»Diese Gottesanbeterinnen sind nicht die einzigen, die sich auf diese Weise tarnen, auch Spinnen tun das, um ihrer Beute auf einer Blüte aufzulauern, aber jetzt möchte ich dir noch etwas anderes zeigen.«

Sie flogen ein Stück über den Wald. Vor ihnen lag ein freies Gelände, als hätte ein Waldbrand gewütet. Mara konnte erkennen, wie hoch die Urwaldbäume wuchsen. Inmitten des kargen Geländes standen kleine Sträucher und an den Rändern merkwürdige Bäume, deren dünne Stämme breite Baumkronen trugen.

»Balsabäume sind das. Sie wachsen schnell und hier sind sie die ersten Pflanzen, die das Areal wieder beleben.«

Seitlich ragten weiße Blütenkelche aus den Baumkronen heraus. Von weitem leuchteten sie hell. Als sie näher kamen, wunderte sich Mara. Die trinkbechergroßen, fleischigen Blütenblätter sahen aus, als wären sie mit kleinen Messern eingeritzt worden.

»Was war denn hier los?«, fragte sie.

»Fledermäuse!«, sagte der Chloroplast. »Diese Blüten werden von Fledermäusen bestäubt. Sie krallen sich an dem Kelch fest und hängen sich kopfüber in den breiten Blütentrichter, um Nektar zu trinken. Dabei werden sie mit Pollen bestäubt, den sie anschließend zur nächsten Blüte tragen.«

»Das würde ich gerne sehen, wie sie an den Blüten hängen«, entgegnete Mara begeistert.

»Die Fledermäuse sind nachtaktiv«, sagte der Chloroplast mit Nachdruck und sah Mara mit großen Augen an.

»Du meinst, sie trinken nachts?«, rief Mara. »Oh nein, dann lieber nicht! Ich glaube, ich kann es mir gut genug vorstellen, wie die Fledermäuse in den Blütenkelchen hängen!« Noch eine Reise in der Dunkelheit kam für sie nicht in Frage. »Es wundert mich, dass Fledermäuse an Blüten trinken. Von den wenigen Tropfen Nektar, die sie in einer Blüte finden, werden sie doch nicht satt.«

»Bei Balsablüten ist das anders. Sie produzieren etwa 20 Milliliter Nektar in einer Nacht.«

»Das ist ganz schön viel, ein Milliliter ist etwa ein Fingerhut voll«, staunte Mara und sah sich die Blüte genauer an. »Das sind etwa 20 Fingerhüte voll!«

»Das ist wirklich sehr viel, andere Blüten produzieren viel weniger Nektar oder gar keinen.«

»Was gibt es denn noch alles für Bestäuber?«, fragte Mara.

»Die Kolibris. Sie bestäuben die Vanilleblüte. Jetzt zeige ich dir aber noch etwas anderes.«

Sie flogen in der Zeit ein Stück weiter und landeten auf einer Wiese. Es war warm und hatte gerade geregnet, Feuchtigkeit lag noch auf den Pflanzen und die Luft dampfte. Kleine Blüten mit fünf weißen Blütenblättern öffneten sich gerade.

»Das ist ein Nachtschattengewächs. Später werden die Menschen daraus die Tomatenpflanzen kultivieren.«

Mara horchte auf.

»Und wer bestäubt sie?«, fragte sie neugierig.

»Bienen.«

»Ach so!« Mara hatte gedacht, der Chloroplast wollte ihr noch etwas Besonderes zeigen. Da landete eine Biene. Mehr aus Höflichkeit beugte sich Mara über das Insekt auf der Blüte. Die Biene klappte die Flügel aus den Gelenken heraus und schlug sie heftig auf und ab. Ein Summen ertönte, das deutlich anders klang als das Summen im Flug. Das geschlossene Staubblatt des Nachtschattengewächses begann zu vibrieren. Pollen wurde aus einer kleinen Pore herausgeschleudert und blieben auf der Biene hängen.

»Ssssss«, machte Mara das Geräusch nach, »die Biene muss sich aber ganz schön anstrengen.«

»Für das bisschen Pollen! Einen Teil frisst sie selbst, wenn sie sich putzt, und den Rest bringt sie auf eine andere Nachtschattenblüte.«

Das Baumhaus hob sich und flog über die Landschaft. So hat es auf der Welt vor etwa 10 Millionen Jahren ausgesehen, dachte Mara, fast so wie heute. Sie betrachtete die grasenden Tiere.

»Seit es Gras gibt«, erklärte ihr der Chloroplast, »haben sich Rinder, Schafe, Ziegen, Hirsche und Rehe entwickelt und stark vermehrt. Mit ihren Mahlzähnen und ihrer speziellen Verdauung können sie das Gras verwerten. Eigentlich verdauen sie gar nicht selbst, sondern die Bakterien in ihren Mägen zersetzen das Gras.«

»Sie sind Wiederkäuer«, sagte Mara.

Auf den Wiesen und Steppen wuchsen Gräser und Kräuter in allen Farben. Dazwischen wanderten immer mehr Rinder-, Urpferde- und Schafherden.

Das Baumhaus flog auf einen Wald zu. Das Gezwitscher der Vögel wurde von lautem Kreischen übertönt. Mara suchte die Quelle dieser Laute.

Der Chloroplast zwinkerte ihr zu und setzte das Baumhaus auf eine Wiese nahe am Waldrand. Mara versuchte zu erkennen, welche Tiere so aufgeregt in den Bäumen herumsprangen, als sie sich plötzlich beobachtet fühlte. Ein dunkles Augenpaar sah sie durch die Blätter an.

»Ein kleiner Affe!«, rief Mara und der Affe schwang sich kreischend davon. Kurz darauf kam er wieder zurück und betrachtete sie, mit seinen langen Armen an einem Ast schaukelnd. Unwillkürlich streckte Mara die Hand aus, als hätte sie etwas zu fressen darin. Der Affe blieb aber auf seinem Baum. Er warf den Kopf in den Nacken, zeigte seine kräftigen Zähne, stieß einen schrillen Schrei aus und verschwand im Wald.

»Bleib hier!«, rief sie ihm vergeblich nach.

Sie drehte sich nachdenklich zum Chloroplasten um und fragte: »Wenn es hier Affen gibt, müsste es doch auch bald Menschen geben. Sie stammen doch vom Affen ab. Wie lange dauert das denn noch?«

Der Chloroplast zwinkerte viel sagend und das Baumhaus hob ab. Er beschleunigte den Zeitraffer.

»Nicht mehr lange, zwei Millionen Jahre vor heute.«

»So spät kommt der Mensch erst?«, rief sie erstaunt. Denn obwohl ihr der Chloroplast das schon einmal erzählt hatte, konnte sie es kaum glauben.

Der Chloroplast nickte. Während der Zeitraffer lief, beobachteten beide, wie Eisschichten immer wieder die Landschaft bedeckten, um kurz darauf wieder zu verschwinden. Es sah aus, als würden Vorhänge geöffnet und geschlossen.

»Das sind Eiszeiten«, erklärte der Chloroplast.

»Wie damals, nach der Krise des Perm«, erinnerte sich Mara. Der Gedanke an den Untergang der vielen Lebewesen vor etwa 280 Millionen Jahren machte sie traurig.

»Müssen hier auch so viele sterben?«, fragte sie.

»Nicht so viele wie damals, denn die Erde ist immer nur teilweise und nicht mehr so lange wie damals mit Eis und Schnee bedeckt«, bemühte sich der Chloroplast sie zu trösten.

Mara dachte an die riesigen Wälder, die damals in Erdspalten verschwunden waren. Ihr war, als hörte sie noch immer das Donnern und Knirschen. Doch plötzlich nahm sie ein anderes Geräusch wahr, ein Klirren, als würden Steine aufeinanderschlagen. Sie waren in einer Warmzeit angekommen. Das Baumhaus flog über einen Wald, als sich unter ihnen eine Lichtung auftat und das Geräusch immer lauter wurde. Mara beugte sich über die Brüstung und konnte einen Schrei gerade noch unterdrücken.

Drei kleine dunkelhäutige Männer hockten im Kreis. Ihre kantigen Köpfe mit fliehender Stirn und weit vorgeschobenem Unterkiefer erinnerten Mara an die Schädel von Affen. Die Männer schlugen faustgroße Steine aufeinander, dass die Splitter flogen. Dann strichen sie mit der Daumenkuppe über die abgeschlagenen Kanten, als würden sie die Schärfe eines Messers prüfen.

»Faustkeile!«, flüsterte der Chloroplast.

Mara drehte sich ganz vorsichtig zu ihm um und legte den Zeigefinger auf ihre Lippen, um ihn zu bitten, ganz leise zu sein. Sie wollte keinesfalls von den Männern entdeckt werden. Sie versuchte ihre gurgelnden Laute zu verstehen, mit denen sie sich verständigten. Mara hätte diese Laute nicht einmal wiedergeben können, so fremd und schwierig erschienen sie ihr. Sie hätte zu gerne die Lippenbewegungen gesehen, aber die dichten Bärte ließen nur die wachen, hellen Augen der Männer frei. Sie hielten immer wieder in ihrer Arbeit inne, lauschten und schauten Richtung Wald, als spürten sie, dass sie beobachtet werden. Nach oben aber sahen sie nicht. Als der Älteste von ihnen seine Hände auf die Knie der anderen legte, sahen sie sich an und nickten einander zu. Sie packten die Steine in einen Fellsack. Als aber einer von ihnen einen besonders gelungenen Faustkeil in die Höhe hob, um ihn den anderen zu zeigen, fiel sein Blick auf das Baumhaus. Er stieß einen gellenden Schrei aus. Die Männer starrten Mara an. Sie hätte sich zu gerne hinter die Brüstung geduckt, war

vor
3650–3600
3400
3200
3000
2800
2600
2400
2200
2000
1800
1600
1400
1200
1000
800
600
400
200
100
1–0
Millionen Jahren

aber in diesem Moment vor Schreck zu keiner Bewegung fähig. Auch die Männer standen wie gebannt, bis plötzlich alle drei gleichzeitig wild gestikulierten.

»Wir tun euch nichts!«, schrie Mara und wedelte mit den Armen in der Luft herum. Sie besann sich kurz und ging dann blitzschnell hinter der Brüstung in Deckung. Die Männer beruhigten sich wieder. Mara spähte vorsichtig über dem Rand der Brüstung. Sie standen noch immer auf der Lichtung und blickten nach oben. Zwischen den Bäumen entdeckte Mara die erschrockenen Gesichter von Frauen und Kindern im dunklen Gebüsch. Plötzlich ertönte ein Pfiff. Die drei Männer rannten zu den anderen und alle verschwanden im Wald. Mara ließ sich auf die Bank fallen.

»Ich dachte, sie werfen ihre Steine nach uns«, flüsterte sie, ohne die Lichtung aus den Augen zu lassen. »Meinst du, sie kommen zurück? Wir haben sie furchtbar erschreckt. Schau doch, sie haben ihre Fellbeutel mit den Faustkeilen liegen lassen, das sind doch für sie wertvolle Werkzeuge«, flüsterte Mara voller Sorge.

»Faustkeile können nur aus besonderen Steinen gehauen werden, die stark splittern und messerscharfe Kanten hinterlassen. Damit zerlegen die Menschen tote Hasen oder Rehe.« Der Chloroplast sah nachdenklich auf die Lichtung hinunter.

»Sie brauchen die Faustkeile, um in dieser Wildnis zu überleben. Sie werden ihre Beutel holen, ganz bestimmt!«, sagte Mara zuversichtlich, und um sich selbst davon zu überzeugen, wiederholte sie den Satz.

Der Chloroplast schüttelte den Kopf und sagte nur:

»Sicher ist es nicht.«

»Haben die Menschen hier im Wald denn Häuser, in denen sie sich verstecken können?«, wollte Mara wissen.

»Nein, vor zwei Millionen Jahren bauten die Menschen noch keine Häuser, sie lebten im Freien und wanderten umher auf der Suche nach Wasser und Nahrung. Sie schliefen in Höhlen oder auf hohen Felsen, um vor wilden Tieren sicher zu sein.«

Mara betrachtete noch lange die Lichtung, während das Baumhaus immer höher schwebte. Bald war sie nur noch ein winziger Punkt in der weiten, von Wiesen und Wäldern durchzogenen Landschaft.

Mara saß mit hängenden Schultern auf der Bank. Sie hatte sich die Begegnung mit den Menschen der Vorzeit anders vorgestellt. Hatte sie wirklich gedacht, mit ihnen reden zu können?

Der Chloroplast beobachtete sie:

»Möchtest du noch mehr über die Menschen erfahren?«, fragte er. Und als sie ihn mit großen Augen ansah und heftig nickte, beschleunigte er den Zeitraffer und schon nach kurzer Zeit schwebten sie über einer weiten Steppe mit hohem Gras in der vereinzelte Baumgruppen standen.

Vor ihnen erhob sich eine lang gestreckte Felswand. Das Baumhaus stieg höher. Dahinter schlängelte sich ein Fluss. Felsen und Fluss rahmten einen sandigen Platz ein, auf dem einige Zelte standen. Hoch aufgetürmte Steinhaufen begrenzten das kleine Dorf seitlich, dort, wo zwischen Fluss und Felsen ein Durchgang geblieben war.

»Ein gut gesicherter Ort«, sagte Mara.

Direkt am Fluss stand eine große Weide, auf die das Baumhaus schnell zusteuerte. Mara hielt den Atem an, als sie etwa vier Meter über dem Boden in der Krone des Baumes landeten. Das dichte Laub nahm ihnen teilweise die Sicht aufs

Dorf. Sie beugte sich ein wenig über die Brüstung, so dass sie den ganzen Platz überblicken konnte. Niemand war zu sehen. Die drei runden, nach oben hin spitz zulaufenden Zelte waren aus Holzstangen zusammengebunden und mit Leder bezogen. Wo es auf dem Boden auflag, war es mit faustgroßen Steinen beschwert, so dass die Zelte in einem Kreis aus Steinen standen. Die Eingänge waren von weißen gebogenen Stangen gehalten, deren Spitzen sich in der Mitte kreuzten und hell in der Sonne blitzten.

»Das ist kein Holz, oder?«, sagte Mara ganz leise.

»Das sind Mammutstoßzähne. Vor 20 000 Jahren war das ein beliebtes Baumaterial«, flüsterte der Chloroplast.

Mara sah ihn überrascht an. Das Weiß der Zähne glänzte in der Morgensonne.

»Wo sind die Menschen?«, fragte Mara so leise wie möglich.

»Sie schlafen noch«, erwiderte der Chloroplast.

»Aber sie werden uns sehen, wenn sie aus ihren Zelten kommen, oder sind wir in den Blättern der Weide gut genug versteckt?«

Der Chloroplast nickte.

»Wir müssen ganz leise sein, damit sie uns nicht entdecken und wir sie nicht erschrecken.«

Mara musste sich mit dem Ohr zu ihm beugen, weil er so leise gesprochen hatte. Sie legte den Zeigefinger auf die Lippen und nickte. Von nun an sprachen sie kein Wort mehr. Mara traute sich kaum zu atmen, bis ihr fast die Luft wegblieb. Genau in dem Moment, als sie tief einatmete, bewegte sich etwas ganz nah am Felsen. Erschrocken presste sie sich die Hand auf den Mund. Erst jetzt fiel Mara der von einem Felsvorsprung überdachte Eingang zu einer Höhle auf. Er war schwarz vom Russ einer darunter liegenden Feuerstelle, in der noch heiße Glut unter der Asche glimmte. Ein Stapel langer Holzstangen und ein Stoß Reisig lagen daneben.

Eine Gestalt trat vor die Höhle. Mara sah den Chloroplasten kurz an und deutete auf den Höhleneingang. Er hatte das Mädchen auch bemerkt. Obwohl es kleiner war als Mara, musste es etwa in ihrem Alter sein. Es trug eine Weste aus Lederstreifen. An den Schultern und um den vorderen Verschluss herum war sie mit Schneckenhäusern, Federn und Steinen verziert. Die lange Hose wurde an den Seiten von groben Lederriemen zusammengehalten. Das Mädchen streckte sich, gähnte und fuhr sich mit den Fingern durch das wirre Haar. Dann wendete es sich der großen Feuerstelle zu und stocherte mit Reisig in der Glut. Sogleich züngelten kleine Flammen an den trockenen Ästen empor und ein knisterndes Feuer war entfacht. Nach einer Weile schob das Mädchen ein Holzscheit ins Feuer. Der beißende Rauch zog zum Baumhaus hinauf und stieg Mara in die Nase.

Bald darauf kam eine junge Frau mit einem Säugling auf dem Arm aus der Höhle. Sie ging mit dem Mädchen zusammen zum Fluss. Sie tranken Wasser aus der hohlen Hand und scherzten mit dem Säugling. Mara hätte gerne gewusst, was sie sagten, aber sie konnte kein Wort verstehen.

Nach und nach kamen aus der Höhle und den Zelten Männer, Frauen und Kinder. 15 Leute lebten hier zusammen, zählte Mara. Alle trugen Lederröcke oder weit geschnittene Hosen. Einige schürten die Glut der großen Feuerstelle, bevor sie zum Bach gingen, um Wasser zu trinken und sich zu waschen. Ein Mann und eine Frau trugen einen Greis heraus und legten ihn vor eines der Zelte, holten ihm Wasser in einer Baumrinde und gaben ihm zu trinken. Nachdem er die Hälfte des Wassers verschüttet hatte, lächelte er mit seinem zahnlosen Mund, rollte sich zusammen und döste vor sich hin.

Hinter den Zelten waren Lederstücke aufgespannt. Zwei Frauen rieben sie kräftig gegeneinander, damit sie weicher wurden. Mit spitzen Knochen und Steinen bohrte eine von ihnen kleine Löcher hinein, während die andere mit einem scharfen Faustkeil feine Lederstreifen schnitt.

Um die große Feuerstelle herum hatten sich fünf Männer versammelt, redeten laut und deuteten mit ihren Armen dabei in verschiedene Himmelsrichtungen. Schließlich stand der Älteste von ihnen auf und zeigte in Richtung Felsen. Die anderen nickten, erhoben sich und holten Speere, Pfeil und Bogen und große Lederbeutel aus ihren Zelten.

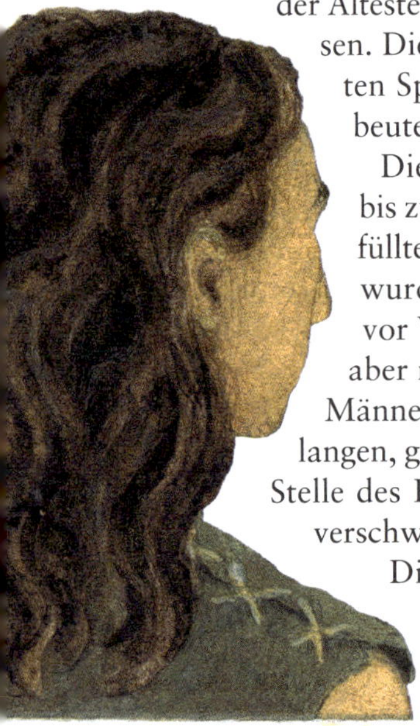

Die Dorfbewohner begleiteten die Männer bis zum Fluss, wo sie ihre Fellsäcke mit Wasser füllten. Alle umarmten sich, die kleinen Kinder wurden mehrfach in die Luft gehoben, bis sie vor Vergnügen quietschten. Die Erwachsenen aber machten ernste Gesichter, als sie den fünf Männern nachwinkten. Diese hatten indes einen langen, geschälten Baumstamm über die schmalste Stelle des Flusses gelegt, überquerten ihn nun und verschwanden kurz darauf hinter dem Felsen.

Die Zurückgebliebenen holten ihre Beutel aus den Zelten und balancierten ebenfalls vorsichtig über den Baumstamm auf die andere Seite des Flusses. Nur zwei alte Frauen und die junge Frau mit dem Säugling blieben bei dem Alten.

Das Mädchen ging als Letzte, zusammen mit einem Jungen. Immer wieder hoben sie etwas vom Boden auf, legten es in den Beutel des anderen und lächelten sich dabei an. Das Mädchen hob, wie die anderen auch, einen langen Ast auf und stocherte damit im Boden herum. Mara konnte nicht erkennen, was sie herauszog. Manche steckten sich das, was sie gefunden hatten, gleich in den Mund. Mara erkannte, dass sie Beeren sammelten und nun mit vollen Beuteln zu den Zelten zurückkehrten.

Plötzlich hörte sie ein leises, aber unüberhörbares Wimmern. Das Mädchen, das gerade den Fluss überqueren wollte, schien es auch gehört zu haben, denn sie sah sich um, ging auf ein Gebüsch direkt unter dem Baumhaus zu und beugte sich darüber. Der Junge war ihr gefolgt. Sie sahen sich an und flüsterten miteinander. Er schüttelte heftig den Kopf, während das Mädchen beherzt in das Gebüsch hineingriff und etwas hervorholte. Mara erkannte ein kleines, mit weichem Flaum bedecktes Tier. Bald darauf kamen auch die anderen, standen im Kreis um das Mädchen herum und betrachteten das wimmernde Bündel.

»Ein Wolfsjunges!«, flüsterte der Chloroplast, denn die Menschen sprachen so laut, dass sie ihn nicht hören konnten. Dann war die Wolfsmutter sicher in der Nähe, dachte Mara und blickte sich um. Die Dorfbewohner schienen das Gleiche zu vermuten und begannen, mit Stöcken und Steinen bewaffnet die Umgebung abzusuchen.

Das Mädchen streichelte das wimmernde Tier und legte seine rechte blutverschmierte Pfote in ihre Hand. Das Tier wand sich vor Schmerzen. Der Junge nahm den Fellbeutel des Mädchens und sie gingen gemeinsam über den Fluss zu der jungen Frau mit dem Säugling und den zwei Alten. Eine der Frauen untersuchte die Pfote. Sie zerkaute anschließend ein Stück Rinde zu Brei und verteilte diesen auf der Wunde des Tieres. Das Mädchen holte frische Weidenblätter und verband damit die Pfote. Die alte Frau streichelte den Wolf zärtlich und legte ihn dann zurück in die Arme des Mädchens.

Der Geruch von gegrilltem Fleisch breitete sich aus und Mara beugte sich so weit hinunter, dass sie die Feuerstelle sehen konnte. Auf dünnen Spießen brieten kleine Fleischstücke. Mara bekam Hunger. Doch dann beobachtete sie einen Jungen, der Schneckenhäuser zerquetschte und die Schnecken auf dünne Spieße steckte. Jetzt wurde ihr klar, dass die anderen kleinen Fleischstücke Raupen waren, die diese Menschen mit ihren Stöcken aus dem Boden geholt hatten. Sie schluckte und sah wieder zu dem Mädchen mit dem Wolf. Es holte eine Schnecke vom Feuer, legte sie auf den Boden und setzte den Wolf davor. Er taumelte und schnupperte an dem Fleischstück, fraß es aber nicht. Er war noch viel zu klein. Das Mädchen drückte die winzige Schnauze vergeblich auf die gegrillte Schnecke. Dann versuchte sie, seine Lefzen ein wenig hochzuziehen und die Schnecke hineinzustecken. Aber auch das half nichts. Den Tränen nahe, nahm es den winselnden Wolf auf den Arm. Nachdem die Kinder aus einiger Entfernung mit angesehen hatten, wie sie sich mühte, den Wolf zu füttern, kamen sie vorsichtig näher und umringten die beiden.

Mara konnte den Wolf nun nicht mehr sehen, bis die Frau mit dem Säugling kam und sich neben das Mädchen setzte. Die Kinder wichen etwas zurück. Die Frau legte das Baby vorsichtig neben sich und nahm den kleinen Wolf in ihre Arme. Was hat sie nur mit ihm vor?, fragte sich Mara. Er war plötzlich ganz ruhig geworden. Mara rutschte etwas unruhig auf der Bank herum, bis sie sehen konnte, was geschah. Die Frau hatte sich den Wolf an die Brust gelegt! Sie stillte ihn. Mara musste sich die Hand vor den Mund halten, um keinen Laut von sich zu geben. Als der Wolf genug getrunken hatte, drückte das Mädchen dankbar die Hand der Frau, holte seinen Beutel und schüttete rote Beeren und Nüsse vor ihr aus.

Bald waren sie umringt von den Frauen und Kindern des Dorfes, die alle den Wolf streicheln wollten. Er lag nun satt und erschöpft im Arm des Mädchens und schlief.

Ein älterer Mann kam auf sie zu und betrachtete lange und nachdenklich den Wolf. Dann begann er zu sprechen, laut und mit rauer Stimme. Die Kinder nahmen Reißaus, als er mehrmals auf den Wolf und in Richtung Fluss deutete. Er beendete seine Rede mit einem wilden Kopfschütteln.

Das Mädchen saß mit eingezogenen Schultern da und drückte das kleine Tier fest an sich. Es neigte den Kopf und sah den Mann von unten herauf an. Während der langen Rede hatte es sich nicht gerührt, aber sein Gesicht war schmal geworden und es kämpfte mit den Tränen. Nachdem der Mann aufgehört hatte zu reden, schüttelte das Mädchen trotzig den Kopf. Mara bewunderte ihren Mut. Wie würde er reagieren? Würde er den Wolf packen und im Fluss ertränken? Die beiden waren der Mittelpunkt des Dorfes geworden. Nun stand eine alte Frau auf und ging zu den beiden. Sie zeigte auf die Pfote des Wolfes. Der öffnete kurz die Augen und wimmerte leise. Dann legte sie ihre Hand auf die Schulter des Mannes und führte ihn weg, während sie leise auf ihn einredete. Das Mädchen verfolgte jeden ihrer Schritte mit seinen großen Augen. Das Gespräch der beiden wurde ruhiger und schließlich sprachen sie ganz leise miteinander und setzten sich an eine der kleinen Feuerstellen. Nach einiger Zeit drehte sich die Frau zu dem Mädchen und zwinkerte ihm zu. Mara konnte spüren, wie es erleichtert aufatmete. Es darf den Wolf behalten, dachte sie und hätte gerne vor Freude gejubelt.

Mara hielt den Atem an, am liebsten wäre sie hinuntergeklettert. Sie würden mir sicher etwas zu essen anbieten, dachte sie. Um einen kleinen Wolf im Arm zu halten und zu streicheln, würde ich sogar Schnecken essen. Sie sah an sich hinunter. Ihre glatten Haare, ihre helle Haut, ihre Jeans und ihr T-Shirt kamen ihr plötzlich so unpassend und übertrieben vor. Es geht nicht, dachte sie kopfschüttelnd.

Das Mädchen entfernte sich mit dem Wolf auf dem Arm von der Gruppe. Es kam auf die Weide zu, in der das Baumhaus hing, setzte sich darunter und lehnte sich an den Stamm. Plötzlich kreischte ein Vogel über ihnen. Das Mädchen sah erschreckt nach oben, erst auf den davonfliegenden Vogel, dann auf Mara. Mit weit aufgerissenen Augen sprang es auf und rannte weg. Doch nach ein paar Schritten blieb es stehen und drehte sich um. Den Wolf fest an sich gedrückt, sah es Mara direkt ins Gesicht.

Mara lächelte, deutete mit dem Zeigefinger auf ihre Brust und sagte leise: »Mara.«

Das Mädchen stutzte, deutete auf ihre eigene Brust und sagte etwas, das Mara nicht verstehen konnte, weil es so leise gesprochen hatte. Dann rannte es zu den anderen.

»Jetzt aber nichts wie weg«, sagte der Chloroplast und das Baumhaus hob sich.

»Nein, lass uns noch bleiben«, bat Mara, aber sie schwebten bereits über dem Felsen. Mara winkte, obwohl sie schon zu weit entfernt waren, als dass die Menschen im Dorf sie noch hätten sehen können.

»Wird die blutende Pfote heilen?«, fragte sie leise.

»Ja, allein wegen dieser Verletzung wurde der kleine Wolf zurückgelassen. Die Wolfsmutter kann sich nicht um verletzte Junge kümmern und muss sie sich selbst überlassen.«

»Dann wäre der kleine Wolf gestorben, wenn das Mädchen ihn nicht gefunden hätte.«

»Wahrscheinlich. Die Menschen hatten Angst, dass die Wolfsmutter noch in der Nähe sein könnte. Außerdem haben sie überlegt, wie viel so ein Wolf frisst und wozu er gut sein soll. Weißt du, es war das erste Mal, dass diese Menschen ein wildes Tier aufnahmen«, erklärte ihr der Chloroplast.

»Das Mädchen durfte ihn doch behalten, oder?«, fragte Mara unruhig.

»Ja, sie hat ihn behalten und gezähmt. Und als er ausgewachsen war, folgte er ihr auf Schritt und Tritt, beschützte sie und warnte sie vor Gefahren. Er knurrte, wenn sich nachts ein Raubtier an das Lager heranschleichen wollte, so dass die Menschen es noch rechtzeitig mit brennenden Fackeln verjagen konnten. Sie begriffen schnell, wie viel sicherer sie lebten, wenn sie einen Wolf bei sich aufnahmen.«

»Wohin sind eigentlich die Männer am Morgen aufgebrochen?«, wollte Mara nach einer Weile wissen.

»Sie sind auf die Jagd gegangen. Wollen wir schauen, was sie machen?«

»Gerne«, rief Mara begeistert. Dann wurde sie aber sofort nachdenklich. »Was jagen sie denn?«, fragte sie unsicher.

»Willst du es wirklich sehen?«, fragte der Chloroplast genauso unsicher.

»Natürlich!«, sagte Mara tapfer. Ihre Neugier hatte schnell ihre Angst besiegt.

Das Baumhaus flog auf einen Buchenhain zu und landete in einem der Bäume. Kurz darauf sah Mara die fünf Männer aus dem Dorf, die mit ihren Speeren, Pfeilen und Bögen auf ein kleines rundes Feld zugingen, das vollständig mit Zweigen bedeckt war. Zwei von ihnen trugen lange Äste über den Schultern. Sie setzten sich um das Feld herum und warteten. Immer wieder legte sich einer von ihnen mit dem Ohr auf den Boden und schüttelte den Kopf. Doch plötzlich kam Unruhe in die Gruppe. Alle legten sich auf den Boden und lauschten. Einer von ihnen nahm einen Stab und ein weiches Holz aus seinem Beutel und drehte den Stab, bis Feuerfunken auf einen Zunderschwamm übergingen. Sie entzündeten ihre Fackeln und standen nun mit leicht angewinkelten Knien zum Sprung bereit.

Plötzlich hörte Mara ein Stampfen in der Ferne. Sie sah

eine Mammutherde in einiger Entfernung vorbeiziehen. Die Männer rannten los. Als sie bei der Herde angekommen waren, umringten sie ein junges Tier, das etwas abseits ging, und trennten es mit lautem Gebrüll und Fackeln von der Herde ab. Stampfend kam es mit wehendem zotteligem Fell auf die Buche zu, in der Mara und der Chloroplast saßen.

Jetzt wusste sie, warum er sie so eindringlich gefragt hatte, ob sie es wirklich sehen wollte. In diesem Moment sah sie nur noch die riesigen Stoßzähne des Mammuts. Die Männer stießen dem Tier nun ihre Fackeln ins Fell, bis es Feuer fing und qualmte und jagten es auf das abgedeckte Feld zu. In Panik rannte das Mammut auf die Zweige und stürzte in eine tiefe Grube, die darunter verborgen gewesen war. Es krachte laut und das Tier heulte auf.

»Die Knochen sind gebrochen«, flüsterte Mara entsetzt. Eigentlich wollte sie das traurige Schauspiel nicht länger mit ansehen, konnte aber ihren Blick nicht abwenden. Die Männer stießen ihre Speere in das aufgerissene Maul und in die Augen des Mammuts bis tief in den Schädel hinein. Blut spritzte nach allen Seiten. Das große Tier wurde immer schwächer, bis es leblos in der Grube zusammensank und nur noch die Spitzen der Stoßzähne herausragten.

Erschöpft sanken die Männer um die Grube herum auf die Knie. Sie warteten eine Weile und immer wieder stießen sie den massigen Körper an, als wären sie noch nicht sicher, dass das Tier tot war.

Nach einiger Zeit holten sie scharfkantige Faustkeile aus ihren Fellbeuteln, schnitten die Haut des Mammuts auf, lösten große Brocken Fleisch heraus und spießten sie auf die Speere. Die Männer setzten sich, tranken Wasser aus ihren Lederbeuteln und ruhten sich etwas aus. Als die Sonne nicht mehr ganz so hoch am Himmel stand, kletterten sie wieder in die Grube. Schwärme von Fliegen stiegen auf. Die Männer arbeiteten schnell. Sie rollten die herausgeschnittenen Fellstücke auf und packten sie zu Bündeln. Sie prüften die Sehnen, die sie herauszogen, auf ihre Dehnbarkeit, rollten sie zusammen und legten sie in einen Lederbeutel. Bevor sie die Speere mit den aufgespießten Fleischbrocken schulterten, deckten sie die Grube sorgfältig ab, um sie vor den Geiern zu schützen, die bereits darüber kreisten. Schwer bepackt zogen die Männer in die Richtung davon, aus der sie gekommen waren.

Mara starrte auf die abgedeckte Grube und die kreisenden Geier, die immer wieder auf den Zweigen landeten, um die Grube herumhüpften und sich kreischend wieder in die Luft erhoben.

Der Chloroplast sah in Maras blasses Gesicht.

»Jetzt haben sie Fleisch für die nächsten Wochen, ihr Zeltdorf ist nur zwei Stunden zu Fuß entfernt und sie werden den Rest des Mammuts in den nächsten Tagen holen«, erklärte er ihr, um sie ein bisschen von dem schauerlichen Geschehen abzulenken.

Mara dachte an die dünnen Kinder und die Frau mit dem Baby. Sie brauchten das Fleisch zum Überleben.

»Wenn dann noch etwas übrig ist.« Mara deutete auf ein Wolfsrudel, das sich auf der Suche nach Aas näherte.

»Es wird reichen. Die Wölfe nehmen sich nur einen Teil. So ein Mammut reicht für viele Mägen. Die Knochen und Zähne bleiben immer übrig. Die kann nur der Mensch verwerten, als Werkzeug und Baustoff. Das Fell und die Sehnen haben sie ja schon mitgenommen.«

Mara nickte, sie dachte an die Kleidung und die Zelte.

»Die Schulterblätter sind gut als Schaufeln zu verwenden«, setzte der Chloroplast seine Ausführungen fort.

»Trotzdem ist es eine brutale Schlachterei«, schnaubte Mara und blies angewidert Luft durch die Nase.

Der Chloroplast zog die Augenbrauen hoch und sagte: »Das ist es zweifellos. Es können ja nicht alle von Luft und

Licht leben.« Er betrachtete Maras blasses Gesicht und tröstete sie: »Und der kleine Wolf bekommt auch etwas ab, wenn er richtig fressen kann.«

»Ja«, sagte Mara leise.

»Wir müssen zurückfliegen, sonst wird es zu spät«, sagte der Chloroplast.

»Ja, es muss wohl sein«, seufzte Mara und schon erhob sich das Baumhaus und sie flogen mit dem Zeitraffer durch 20 000 Jahre, die bis heute noch blieben. Das Land wurde immer wieder von weißen Gletschern überzogen, die bald darauf schmolzen.

»Gleich sind wir da«, sagte der Chloroplast, als sich die Landschaft plötzlich stark veränderte. Wo vorher das Grün der Pflanzen und das Blau des Wassers die dominierenden Farben in der Landschaft waren, gab es plötzlich graue, schnurgerade Einschnitte.

»Straßen«, murmelte Mara enttäuscht.

Sie schauten auf riesige Ansammlungen von Häusern mit Dunstglocken darüber. Grau und ziegelrot waren nun die vorherrschenden Farben. Diese Welt wirkte leblos. Mara vergaß fast zu atmen, als ihr bewusst wurde, dass sie selbst und alle, die sie kannte, in einer Welt aus Stein lebten.

Der Chloroplast ließ das Baumhaus zum letzten Mal in der alten Eiche im Garten von Maras Tante landen. Es dämmerte bereits. Mara konnte kein Wort sagen. Sie schluckte, denn nun musste sie Abschied nehmen. Würde sie den Chloroplasten jemals wieder sehen? Sie versuchte nicht mehr, die Tränen zurückzuhalten.

»In den nächsten Ferien komme ich wieder«, schluchzte sie.

»Schade, dass du abreisen musst«, sagte der Chloroplast leise. »Ich danke dir, dass du mich auf dieser Reise in die Vergangenheit begleitet hast. Alleine hätte ich mich nicht getraut. Ich war froh, dich dabeizuhaben, denn manchmal schien mein Leben so hoffnungslos.«

»Aber das Leben ging immer weiter«, flüsterte Mara. »Ich würde jederzeit wieder mitkommen.«

Es wurde dunkler, und der Chloroplast schloss langsam die Augen.

»Bis zu deinen nächsten Ferien«, sagte er noch und sein Grün verschmolz mit dem Grün des Blattes.

»Ja, bis zu meinen nächsten Ferien«, wiederholte Mara und blieb noch eine Weile sitzen. Dann wischte sie sich mit dem Ärmel die Tränen aus dem Gesicht und kletterte aus dem Baumhaus.

Einige wichtige Stichwörter

Atmung

atmos (griech.) = Dampf

Atmung ist die Aufnahme von Sauerstoff (O_2) aus der Luft oder dem Wasser und die Abgabe von Kohlendioxid (CO_2) an die Umgebung.

Bei der Atmung von Menschen und allen anderen mit Sauerstoff atmenden Lebewesen wird Sauerstoff zu den Körperzellen transportiert. In den Mitochondrien der Zellen wird Zucker unter Verbrauch von Sauerstoff in Wasser und Kohlendioxid zerlegt, dabei wird Energie gewonnen. Das entstandene Kohlendioxid wird durch Ausatmen abtransportiert.

Atom

atomos (griech.) = unteilbar

Ein Atom ist das kleinste Teilchen mit den chemischen Eigenschaften eines chemischen Elements. Es besteht aus einem Kern, um den herum sich elektrisch geladene Teilchen, die Elektronen, bewegen.

Chloroplast

chloros (griech.) = gelbgrün; plastos (griech.) = gebildet, geformt

Die Chloroplasten sind Zellorganellen. Sie enthalten den grünen Blattfarbstoff, das Chlorophyll. In den Chloroplasten findet die Photosynthese statt.

Es gilt heute als erwiesen, dass Zellorganellen, wie der Chloroplast, auf frei lebende Einzeller ohne Zellkern (Prokaryoten), wie Cyanobakterien, zurückgehen. Sie wurden vor etwa drei Milliarden Jahren in Vorläufer von Zellen mit Zellkern

(Eukaryoten) aufgenommen und lebten von da an mit ihnen in einer Endosymbiose zusammen. Im Verlauf der Evolution wurden diese Einzeller zu Chloroplasten. Sie verloren teilweise ihre Eigenständigkeit, indem sie einen Teil ihrer DNA in den Zellkern verlagerten.

Die Chloroplasten blieben jedoch so eigenständig, dass sie bei der Fortpflanzung in der weiblichen Eizelle mitgegeben werden müssen. Diesen Vorgang nennt man maternale Vererbung. Ebenso behielten die Chloroplasten die potentielle Unsterblichkeit der Einzeller.

Die Chloroplasten veränderten sich im Laufe der Evolution nur wenig, weil ihr Anpassungsdruck aufgrund ihrer gleich gebliebenen Umgebung, der wässrigen Zelle, gering ist.

DNA

Abkürzung für *DeoxyriboNucleicAcid*

In allen Lebewesen trägt die DNA den Bauplan des Lebens. Ein DNA-Molekül besteht aus Millionen von Atomen, die in zwei langen Ketten als Doppelstrang angeordnet sind. Die informativen Abschnitte auf den Ketten werden als Gene bezeichnet.

DNA-Moleküle besitzen die einzigartige Fähigkeit, sich selbst zu vermehren, und geben die Information für die typischen Merkmale eines Lebewesens von Generation zu Generation weiter.

Im Zellkern liegt die DNA zu Chromosomen gebündelt vor und alle Chromosomen sind zweimal vorhanden, das heißt, es handelt sich um einen diploiden Chromosomensatz – diploos (griech.) = doppelt.

Eine Ausnahme bilden die Fortpflanzungszellen. In ihnen liegt nur der einfache Chromosomensatz vor, sie sind haploid – haploeides (griech.) = einfach. Erst nach der Befruchtung, das heißt nach der Verschmelzung einer männlichen und einer weiblichen Fortpflanzungszelle, hat die Keimzelle des neu entstandenen Lebewesens wieder einen diploiden Chromosomensatz, einen haploiden Chromosomensatz von der Mutter und einen vom Vater.

Enzym

zyme (griech.) = Sauerteig

Enzyme sind Proteine, die alle chemischen Umwandlungen in Lebewesen steuern. Als Biokatalysatoren ermöglichen sie die lebenswichtigen Reaktionen im Stoffwechsel. Die Baupläne für die Enzyme sind in der DNA jeder Zelle gespeichert.

Bakterien benötigen etwa 1000 verschiedene Enzyme für ihren Stoffwechsel, Vielzeller, wie der Mensch, ein Vielfaches davon.

Ginkgo

Silberaprikose (chines.-japan.)

Der Ginkgobaum gehört zu den »lebenden Fossilien«. Lange Zeit glaubte man, die Ginkgobäume wären ausgestorben. Aber gegen Ende des 17. Jahrhunderts wurde der zweihäusige Baum, der zu den Nacktsamern gehört, in Asien entdeckt und in Europa wieder eingeführt.

Ein Ginkgobaum kann über tausend Jahre alt werden, ist sehr widerstandsfähig und wird oft an verkehrsreichen Straßen gepflanzt, weil er unempfindlich gegen Abgase ist.

Ginkgoextrakte werden als Heilmittel gegen Durchblutungsstörungen und Asthma und zur Anregung der Gehirntätigkeit verwendet.

Der Baum wird nach der Form seiner Blätter auch Fächerbaum oder Entenfußbaum genannt.

Mitochondrium

mitos (griech.) = Faden; chondrium (griech.) = Körnchen

Die Mitochondrien sind Zellorganellen, in denen die Atmung stattfindet. Sie werden auch »Kraftwerke« der Zellen genannt.

Sie sind Endosymbionten und gehen, wie die Chloroplasten, auf frei lebende Einzeller zurück, die vor langer Zeit in Zellen mit Zellkern aufgenommen wurden. Sie haben sich – wie die Chloroplasten – ihre Eigenständigkeit innerhalb der Zelle bewahrt.

Molekül

moles (lat.) = Masse

Ein Molekül ist aus Atomen zusammengesetzt und das kleinste Teilchen mit den chemischen Eigenschaften einer chemischen Verbindung. Ein Molekül kann aus nur drei Atomen bestehen, wie das Wassermolekül H_2O und das Kohlenstoffdioxidmolekül CO_2, oder aus Tausenden von Atomen, wie die Enzyme.

Ozonschicht

ozon (griech.) = riechen, duften

In der Erdatmosphäre, in einer Höhe von 20–25 km, gibt es eine Schicht, in der das Gas Ozon (O_3) häufig vorkommt. Ozon ist aus Sauerstoffatomen aufgebaut und absorbiert die ultravioletten Strahlen (UV-Strahlen der Sonne). Die Ozonschicht um die Erde bildete sich vor etwa 2,1 Milliarden Jahren, nachdem photosynthetisierende Organismen genügend gasförmigen Sauerstoff in die Atmosphäre abgegeben hatten.

Ohne die Ozonschicht würden die ultravioletten Strahlen der Sonne die Erde erreichen und die DNA der Lebewesen zerstören.

Der erhöhte Ausstoß von Kohlenmonoxid, Methan, Lachgas und halogenierten Kohlenwasserstoffen durch Verkehr und Industrie führt zum Abbau von Ozon und verringert den Schutz vor den gefährlichen UV-Strahlen.

Perm

Mit Perm wird der Zeitabschnitt vor 280–225 Millionen Jahren auf der Erde bezeichnet. Er ist benannt nach der Stadt Perm am Ural, einer berühmten Fundstätte für Fossilien aus dieser Zeit.

Vor 280 Millionen Jahren hatten sich alle Landmassen der Erde zum Superkontinent Pangäa vereinigt. Die Sporenpflanzen bildeten die ersten großen Wälder. In diesen Steinkohlenwäldern aus hohen Farnbäumen, Bärlapp- und Schachtelhalmgewächsen lebten Amphibien, Lurche und Riesenlibellen.

Bald entwickelten sich die ersten Samenpflanzen, die Nadel- und Ginkgogewächse.

Pangäa war zu Beginn des Perm teilweise vereist. Dann wurde es wärmer, die Eismassen schmolzen und es kam zu schweren Meeresüberflutungen. Die weiter zunehmenden Temperaturen ließen die Wassermassen verdunsten, und zurück blieben mächtige, bis zu 1000 m hohe Salzablagerungen.

Der Wechsel der Temperaturen, die Überschwemmungen und die anschließende Trockenheit führten zu einem der größten Massenaussterben in der Erdgeschichte, das vor allem im Meer lebende Tiere betraf. Etwa 80 Prozent aller Arten, darunter die Trilobiten und die Ammoniten, verschwanden für immer von der Erde. Auch die Pflanzenwelt erlitt Einbußen, aber es kam nicht zu einem Aussterben der Arten.

Photosynthese

photos (griech.) = Licht; synthese (griech.) = zusammensetzen

Die Photosynthese ist die Bildung organischer Stoffe aus Kohlendioxid und Wasser in den Chloroplasten der Algen und der grünen Pflanzen unter Nutzung von Lichtenergie, also dem Sonnenlicht.

Der Traubenzucker, der bei der Photosynthese gebildet wird,

ist die Energiegrundlage für alle Lebewesen auf der Erde, die keine Photosynthese betreiben können, wie Tiere und Pilze. Bei der Photosynthese wird auch Sauerstoff freigesetzt.

Samen

Ein Samen ist die Verbreitungseinheit der Blütenpflanzen (Nadelgewächse, Laubgewächse, Kräuter, Sträucher).

Der Samen besitzt eine feste Schale, in der sich der Embryo, das heißt eine winzige Pflanze mit Wurzel-, Spross- und Blattanlage und Nährgewebe, befindet. Reife Samen werden mit dem Wind oder durch Tiere verbreitet und können lange Zeit überdauern, bis sie bei günstigen Bedingungen auskeimen.

Verwirrend: Bei Säugetieren versteht man unter der Samenzelle die männliche Fortpflanzungszelle, die nur einen einfachen Chromosomensatz enthält. Ein Embryo bildet sich erst nach der Befruchtung, das heißt nachdem eine männliche Samenzelle und eine weibliche Eizelle miteinander verschmolzen sind.

Spore

Eine Spore ist die Verbreitungseinheit der Farnpflanzen (Urfarne, Farne, Bärlapp- und Schachtelhalmgewächse).

Die Sporen werden aus den reifen Sporenbehältern geschleudert und wachsen zu einem Prothallium, einem »Vorspross« heran – *pro (griech.) = vor; Thallium (griech.) = Spross.*

Das Prothallium ist ein etwa cent-großes, dünnes Blatt, auf dem sich die männlichen und weiblichen Fortpflanzungszellen bilden. Die Befruchtung, das heißt die Verschmelzung der Fortpflanzungszellen, kann nur bei Anwesenheit von flüssigem Wasser stattfinden. Nach der Befruchtung bildet sich aus der Keimzelle auf dem Prothallium eine neue Farnpflanze.

Symbiose

sym … (griech.) = zusammen, gemeinsam; bios (griech.) = leben

Eine Symbiose ist das dauerhafte Zusammenleben verschiedenartiger Lebewesen zum gegenseitigen Nutzen.

Eine **Endosymbiose** ist die engste Form der Symbiose, da einer der Partner im Körper des anderen lebt.

Profitiert nur einer der beiden Partner, spricht man von Parasitismus.

Gabriele Kisser-Priesack, geboren 1958, studierte Biologie in München. Dort ist sie heute selbständige Wissenschaftlerin und arbeitet als Autorin, Beraterin und Pädagogin, unter anderem im Botanischen Garten München.

Julia Wittkamp, geboren 1970, ist freischaffende Künstlerin und lebt in Dortmund. Sie illustrierte viele Kinder- und Jugendbücher.